Mobile Marketing

W0084055

EBOOK INSIDE

Die Zugangsinformationen zum eBook Inside finden Sie am Ende des Buchs.

Daniel Rieber

Mobile Marketing

Grundlagen, Strategien, Instrumente

 Springer Gabler

Daniel Rieber
Berlin, Deutschland

ISBN 978-3-658-14776-1   ISBN 978-3-658-14777-8   (eBook)
DOI 10.1007/978-3-658-14777-8

Die Deutsche Nationalbibliothek verzeichnet diese Publikation in der Deutschen National-
bibliografie; detaillierte bibliografische Daten sind im Internet über http://dnb.d-nb.de abrufbar.

Springer Gabler
© Springer Fachmedien Wiesbaden GmbH 2017

Gedruckt auf säurefreiem und chlorfrei gebleichtem Papier

Springer Gabler ist Teil von Springer Nature
Die eingetragene Gesellschaft ist Springer Fachmedien Wiesbaden GmbH
Die Anschrift der Gesellschaft ist: Abraham-Lincoln-Str. 46, 65189 Wiesbaden, Germany

Geleitwort

Mobilität ist heute eine der zentralen Anforderungen an unsere Gesellschaft und bestimmt den modernen Zeitgeist. Der feste Arbeitsplatz weicht Homeoffice, Café und Co-Working Space, das eigene Auto wird durch Carsharing-, Taxi- und Bahn-Angebote ersetzt und dank Couchsurfing und AirBnB sind wir überall auf der Welt zu Hause. Im Zentrum dieser neuen Mobilität steht dabei stets das Smartphone, das die Menschen miteinander verbindet und eine neue Art des Arbeitens und Lebens ermöglicht. Während uns das stationäre Internet Ende des vergangenen Jahrhunderts erstmals ermöglicht hat, von zu Hause oder dem Büro aus auf Informationen aus der gesamten Welt zuzugreifen, schenkt uns das Smartphone diese Freiheit nun auch losgelöst von einem festen Standort. Das Internet hat sich vom Festnetz emanzipiert und ist mobil geworden.

Für die Deutsche Bahn ist dies eine einschneidende Entwicklung, die ein Umdenken auf allen Ebenen mit sich bringt. Kunden wollen ihre Reise nicht mehr statisch in Abschnitten planen, sondern ein dynamisches und für sie optimiertes Angebot von Tür zu Tür bekommen. Das Smartphone dient dazu, die Reise zu planen, unterwegs Tickets für Bus und Bahn zu kaufen, auf Car- und Bike-Sharing-Angebote zuzugreifen und während der Reise Infotainment und Entertainment-Angebote zu nutzen. Ein mobiles Nutzungserlebnis bedeutet für Konsumenten vor allem eines: Convenience. Und diese Anforderung haben sie heute an jeden Service, den sie nutzen.

Für ein Unternehmen wie unseres, das seit jeher die Mobilität seiner Kunden ins Zentrum gestellt hat, ist das Smartphone heute schon zum wichtigsten digitalen Touchpoint geworden. Aber auch in allen anderen mir bekannten Industrien und unabhängig von der Größe des Unternehmens sollte eine Mobile-Strategie im Fokus der digitalen Transformation stehen. Die mobile Realität bietet eine Vielzahl an Möglichkeiten, stellt Unternehmen aber auch vor bisher ungeahnte

Herausforderungen. Wer es nicht schafft, seiner Zielgruppe eine passende Mobile Experience zu bieten, wird schnell ersetzt und findet im Leben seiner Zielgruppe digital schlichtweg nicht mehr statt. Schon heute stehen eine Vielzahl an Mobile Start-ups und globaler Digitalunternehmen in den Startlöchern und kaum ein Geschäftsfeld ist sicher vor umwälzenden Veränderungen.

Als ich Daniel Rieber im Rahmen unserer Arbeit im Vorsitz der Fokusgruppe Mobile im BVDW kennengelernt habe, wusste ich gleich, dass er meine Passion für Mobile teilt und dieses für die heutige Zeit so wichtige Denken verinnerlicht hat. Seine Begeisterung für Mobile Marketing, die ich aus einer Vielzahl an persönlichen Gesprächen und Vorträgen kenne, findet sich in jedem Kapitel seines Buches wieder und wird für viele eine Inspiration sein. Sein Buch stellt alle relevanten Entwicklungen im mobilen Umfeld dar, hilft bei der individuellen Validierung der einzelnen Instrumente und lässt alles in eine ganzheitliche strategische Betrachtung einfließen. Mobile ist nicht nur ein weiterer Marketingkanal, sondern eine Plattform, die im Zentrum einer digitalen Welt steht. Wer heute nicht alle Weichen auf Mobile stellt, findet sich morgen schon auf dem Abstellgleis wieder.

Henry Kördel
Innovationsmanager
DB Fernverkehr AG

Vorwort

Heute, zehn Jahre nachdem Steve Jobs das erste iPhone der Öffentlichkeit vorgestellt hat, gehört das Smartphone zum Mainstream und ist für viele seine Nutzer längst zum wichtigsten Screen avanciert. Es stellt sich heute weder die Frage, ob sich die mobile Internetnutzung durchsetzt, noch, ob es ein relevantes Thema für Marketer ist. Vielmehr geht es für Unternehmen nun darum, den Mobile Shift, also die zunehmende Verschiebung der Mediennutzung zugunsten von Smartphones, mit Exzellenz zu meistern und neue Chancen für sich zu nutzen. Hierfür gilt es, die neue Realität der Mediennutzung en Detail zu verstehen, Marketinginstrumente für das eigene Unternehmen zu evaluieren und diese in eine ganzheitliche Strategie einfließen zu lassen. Wer es verpasst, die disruptive Kraft von Mobile für sich zu nutzen, sieht sich früher als er denkt mit den zum Teil existenziellen Auswirkungen konfrontiert.

Mobile-Expertise zählt heute zu einer der Kernkompetenzen von Marketern. Doch es reicht längst nicht mehr, ein paar Artikel im Internet zu lesen, ein Seminar zu besuchen oder ein Fachbuch zu lesen. Nur wer sich kontinuierlich mit neuen Trends auseinandersetzt und Gelerntes stets hinterfragt, kann auch nachhaltig erfolgreich sein. Denn Mobile Marketing ist nicht bei SMS, mobiler Website und Apps stehen geblieben – es entwickelt sich stetig weiter und immer neue Themen wie Native Ads, Snapchat, Beacons, VR und Chatbots – um nur einige zu nennen – müssen evaluiert und in die Strategie integriert werden. Und mit der zunehmenden Vernetzung unserer Welt – dem sogenannten Internet of Things – befinden wir uns bereits mitten in der nächsten Phase der digitalen Evolution. Zeit aufzuholen!

In meiner Tätigkeit als freier Dozent für Mobile Marketing sowie in meiner Rolle im Vorsitz der Fokusgruppe Mobile im BVDW (Bundesverband der digitalen Wirtschaft) und der MMA Germany (Deutsches Chapter der Mobile

Marketing Association), sehe ich mich häufig damit konfrontiert, dass trotz der offensichtlichen Wichtigkeit des Themas eine Disziplin wie Mobile Marketing in Ausbildungen und Studiengängen häufig komplett fehlt oder zumindest nicht hinreichend gelehrt wird. Dies führt dazu, dass der sich immer schneller entwickelnde Markt unter einem wahren Wissens- und Fachkräftemangel leidet. Bestehende Fortbildungsangebote sowie Fachbücher beschränken sich meist auf theoretische Grundlagen oder auf Praxiswissen aus der Anfangszeit von Mobile Marketing. Dies war für mich Grund genug, ein Konzept für ein neues Mobile-Marketing-Buch zu entwickeln, welches der neuen Realität gerecht wird, Lesern klare Handlungsempfehlungen gibt und sie darüber hinaus auf noch kommende Entwicklungen vorbereitet.

Ziel des ersten Kapitels *Mobile Mediennutzung* ist es, ein tief greifendes Verständnis für die neue Mediennutzung zu entwickeln. Dies ist die unverzichtbare Grundlage dafür, eine nachhaltige Gesamtstrategie zu entwickeln, bei der der Konsument und nicht nur das Endgerät im Fokus steht. Marketer müssen nicht nur wissen, dass das Smartphone ein relevantes Medium ist, sondern auch, wie dessen Nutzung im Detail aussieht. Daraus abgeleitet beschäftigt sich das zweite Kapitel *Mobile Marketing* mit der Frage, welche Auswirkungen die veränderte Mediennutzung auf das Marketing von Unternehmen hat. Das Kapitel ermöglicht eine Einordnung von Mobile in den Marketingmix, stellt Anforderungen an die Unternehmensstruktur vor und beleuchtet den Status quo in Deutschland. Konkrete Einsatzmöglichkeiten werden im dritten Kapitel *Mobile Marketinginstrumente* vorgestellt. Das Kapitel liefert einen umfassenden Überblick und beleuchtet den Nutzenwert ausgewählter Instrumente für Unternehmen. Hierbei reicht das Spektrum von der mobil-optimierten Website und der eigenen App über Display-, Video- und Location-Werbekampagnen bis hin zu neuen Plattformen wie Social Media oder Messenger.

Mobile hat unser aller Alltag grundlegend verändert, neue Geschäftsmodelle ermöglicht und bestehende infrage gestellt. Wer das Marketing auf dem persönlichsten aller Endgeräte beherrscht, ist näher am Konsumenten als es je zuvor möglich gewesen ist.

Danksagung

Das Schreiben eines Buches ist vergleichbar mit einer längeren Reise: Auch wenn man sich vor dem Antritt gut vorbereitet fühlt und eine recht konkrete Vorstellung von seinem Ziel hat, ist der eigentliche Weg doch spannender und unvorhersehbarer als man es für möglich gehalten hat. Ich bin heute sehr glücklich über den Verlauf meiner ganz persönlichen Reise und dankbar für alle meine Wegbegleiter, die mich inspiriert und gerade auf den schwierigen Kilometern immer wieder aufs Neue motiviert haben. Ganz vorne voran natürlich der Verlag, der mich erst auf die wundervolle Idee dieses Buches gebracht und mich mit dem notwendigen Equipment für die Reise ausgestattet hat.

Von ganzem Herzen danke ich meiner Freundin Steffi, die mich mit viel Geduld über die Täler und Berge begleitet hat, meine wundervollen Weggefährten Bernd Speicher, Malte Friedrich-Freksa und Tanja Kruse Brandao für ihre inhaltliche Unterstützung. Henry Kördel für das gelungene Geleitwort und Mark Wächter für das Surfbrett, um gemeinsam den *Mobile Tsunami* zu reiten. Ich danke meinem Team von adsquare, vor allem Sebastian Doerfel und Alexandrina Hadzhiyska, für ihr Verständnis und ihre Unterstützung.

Als freier Dozent freue ich mich sehr über die Zusammenarbeit mit der Quadriga Hochschule, der Akademie der deutschen Medien sowie dem von Google mitentwickelten Squared Online Programm. In den schnelllebigen Zeiten des digitalen Wandels ist Weiterbildung wichtiger denn je und Ihr habt Mobile immer einen wichtigen Stellenwert eingeräumt. Ich danke Mobilbranche.de, Adzine, OMR, Horizont und W&V für das tägliche Update sowie der Internet World Business dafür, dass sie mich als einen ihrer Experten ausgewählt haben. Und gerade weil Verbandsarbeit nicht immer die Wertschätzung erhält, die ihr gebührt, an dieser Stelle auch noch mal eine besondere Erwähnung der Fokusgruppe

Mobile im BVDW und der Mobile Marketing Association Germany, die Mobile in Deutschland ein Zuhause geben.

Doch meine eigentliche Reise begann schon lange vor dem Schreiben der ersten Seiten. Ich erinnere mich noch gut daran, wie mir vor knapp zehn Jahren mein damaliger Chef Peter Wiegelmann sein Handy auf meinen Schreibtisch legte und mich so – mehr oder weniger freiwillig – zum Mobile-Experten ernannte. Vielen Dank, dass du mir damals die Freiheiten gegeben hast und mein Mentor warst. Als ich sagte, dass Internetnutzung auf den kleinen Geräten keinen Spaß macht, lag ich falsch!

Für meine Eltern Susanne und Dieter und meine Oma Thea.

Inhaltsverzeichnis

Über den Autor

Daniel Rieber ist Experte für digitale Transformation und Marketing und bezeichnet sich selbst als Mobile Aktivist. Der Wahlberliner leitet das internationale Marketing bei Mobile-Data-Plattform adsquare und konnte sich darüber hinaus in den vergangenen zehn Jahren als Blogger, Dozent, Redner und Berater einen Namen machen. Rieber unterrichtet Mobile Marketing an der Quadriga Hochschule, der Akademie der deutschen Medien sowie bei dem von Google entwickelten Fortbildungsprogramm Squared Online. Der stellvertretende Vorsitzende der Fokusgruppe Mobile im Bundesverband der digitalen Wirtschaft (BVDW) zeichnet sich für eine Vielzahl an Veröffentlichungen und Branchenveranstaltungen verantwortlich und ist Initiator und Vice-Chair der deutschen Niederlassung der internationalen Mobile Marketing Association (MMA Germany). Rieber setzt sich für ein Mobile-First-Denken im Marketing ein und spricht dem Smartphone eine Schlüsselrolle in einer vernetzten Zukunft zu.

Mobile Mediennutzung

1

Zusammenfassung

Das Smartphone ist heute zum nicht mehr wegzudenkenden Bestandteil unseres Alltags geworden. So besitzen zwei von drei Deutschen ein iPhone- oder Android-Gerät (Koch und Frees 2016) und nutzen dieses im Durchschnitt 108 min am Tag (BVDW 2016). Das Smartphone ist dabei das persönlichste aller Endgeräte und für viele seiner Nutzer längst zum wichtigsten Screen avanciert. Die Nutzung zeichnet sich dabei vor allem durch viele kurze und gezielte Sessions aus. Viele dieser sogenannten Mobile Moments sind dabei kontextbezogen und unterscheiden sich somit grundlegend von der stationären Onlinenutzung. Da das Smartphone seinen Nutzer über den gesamten Tag hinweg begleitet, ist es immer griffbereit und wird für ihn zum persönlichen Assistenten. Es bietet Zugriff auf eine Vielzahl an Apps, die Alltagsfunktionen übernehmen und mit der zunehmend vernetzten Welt interagieren. Besonders relevant sind für mobile Nutzer hierbei soziale Netzwerke und Messenger-Dienste, die eine orts- und zeitunabhängige Kommunikation mit Freunden, Kollegen und Unternehmen ermöglichen. Das Smartphone wird zur Recherche und zum tatsächlichen Kauf von Produkten eingesetzt und nimmt heute schon in allen Phasen der persönlichen Customer Journey eine wichtige Rolle ein.

1.1 Mobile Lifestyle

Es gibt kaum eine Lebenssituation, in der einem die Auswirkungen von Mobile auf den persönlichen Alltag bewusster werden als bei Geschäftsreisen: Der Check-in am Flughafen, die Taxi-Bestellung über MyTaxi oder Uber, die Navigation zum

© Springer Fachmedien Wiesbaden GmbH 2017
D. Rieber, *Mobile Marketing,*
DOI 10.1007/978-3-658-14777-8_1

nächsten Termin, unterwegs E-Mails schreiben, die Zimmerbuchung über AirBnB und das Vernetzen über LinkedIn als Alternative zur Visitenkarte. Dabei steht man stets über WhatsApp, Skype, Messenger und SMS in Kontakt mit den Kollegen, der Familie und seinen Freunden. Diese Liste könnte noch lange fortgeführt werden und sie wächst stetig. Das Smartphone hat in manchen Berufen zu einer dramatischen Effizienzsteigerung geführt und erlaubt es seinem Nutzer, gleichzeitig zu Hause, im Büro und beim Kundentermin zu sein. Abschalten kommt selten vor, denn wer Mobile ist, ist Always-on: Er hat zu jedem Zeitpunkt Zugriff auf Informationen und Dienstleistungen aus aller Welt und ist – zumindest theoretisch – auch zu jedem Zeitpunkt erreichbar.

Viele der Leser werden sich in dieser Beschreibung vermutlich wiedererkennen, andere kennen dieses Verhalten zumindest aus ihren Beobachtungen. In diesem sogenannten Mobile Lifestyle ist das Smartphone allgegenwärtig. Eine Entwicklung, die auch im Privaten zu beobachten ist und zum Teil abstruse Formen annimmt. Für viele Menschen ist das Smartphone das erste, was sie nach dem Aufwachen und noch vor ihrem Partner berühren: Sie schalten ihre Wecker-App aus, checken das Wetter, werfen einen Blick in ihren Kalender und lesen ihre neuesten Mails. Selbst beim täglichen Gang zur Toilette hat das Smartphone unlängst die Zeitschrift ersetzt und gibt seinen Nutzern die Möglichkeit, sich „an einem stillen Ort" über Nachrichten aus aller Welt zu informieren oder mit Freunden in Kontakt zu bleiben. In Kneipen hat sich unter Jugendlichen als Reaktion auf diese Omnipräsenz mittlerweile ein Spiel entwickelt: Alle legen ihre Smartphone in die Mitte des Tisches und wer als erstes schwach wird und zugreift, muss die nächste Runde bezahlen.

All diese Beispiele zeigen, dass das Smartphone nicht nur unsere Internetnutzung verändert hat, sondern einen tief greifenden Einfluss auf unser Verhalten im Alltag hat. So wurde 2015 das Wort „Smombie" zum Jugendwort des Jahres gewählt (DPA 2015). Das Kofferwort aus „Smartphone" und „Zombie" beschreibt eine Person, die von der Umwelt nichts mehr mitbekommt, da sie nur auf das Smartphone starrt.

1.2   Mobile – Ein Definitionsversuch

Eine eindeutige Definition des Begriffes „Mobile" zu finden, fällt selbst Branchenexperten schwer und führt immer wieder zur spontanen Bildung von Diskussionsrunden. Definitionen, die die Mobilität des Endgerätes in den Vordergrund stellen, berücksichtigen nicht, dass auch Laptops heute von ihren Besitzern auf Reisen mitgenommen werden. Wer den Zugang über das Mobilfunknetz als

Grundlage für eine Definition ausmacht, ignoriert, dass heute selbst Autos und Alltagsgegenstände mit SIM-Karten ausgestattet werden. Und wer Mobile mit der Unterwegs-Nutzung gleichsetzt, klammert aus, dass Smartphones auch zu Hause zum Einsatz kommen – häufig sogar, wenn der Computer direkt danebensteht.

Mobile ist mehr als eine Geräteklasse, eine Art der Nutzung oder eine Zugangsform, es ist ein Paradigmenwechsel in der Internetnutzung und der nächste Entwicklungsschritt in der digitalen Evolution. Während das Wort „Online" (wortwörtlich übersetzt „An der Leitung") als Oberbegriff für eine Internetnutzung stand, die an einem stationären Computer stattfand, steht Mobile für eine allgegenwärtige Nutzung. Das Smartphone hat das Internet aus dem Computerzimmer befreit und in die physische Welt hinausgetragen. Der Nutzer muss sich nicht mehr „an den Computer setzen", diesen „hochfahren" und sich „ins Internet einwählen", er kann zu jedem Zeitpunkt von überall aus direkt mit Informationen und Diensten aus dem Internet interagieren.

Mark Wächter, Vorsitzender der Fokusgruppe Mobile im BVDW (Bundesverband der Digitale Wirtschaft) und der MMA Germany (deutsches Chapter der Mobile Marketing Association), findet in seinem Buch „Mobile Strategy" eine treffende Beschreibung: „Mobile ist mehr als nur ein Kanal, ein Medium oder eine Plattform. Es ist in der Tat ein Verhalten, das Gesellschaft und Unternehmen radikal verändert" (Wächter 2015). Den Übergang von Online auf Mobile bezeichnet Wächter als Mobile Shift.

Sind Tablets auch Mobile?

Viele der in diesem Buch angesprochenen Themen lassen sich auf das Tablet übertragen, jedoch gilt hier zu berücksichtigen, dass Smartphone und Tablet technisch zwar viele Gemeinsamkeiten haben, von ihren Nutzern aber grundlegend anders eingesetzt werden. Während das Smartphone als ständiger und persönlicher Begleiter im gesamten Alltag eingesetzt wird, kommt das Tablet eher in mit der Laptop-Nutzung vergleichbaren Situationen zum Einsatz, beispielsweise auf dem Sofa oder während der Reise mit der Bahn.

Als nächsten Paradigmenwechsel in der digitalen Evolution gilt in der Branche das Internet of Things (Kurzform: IoT). IoT bezeichnet eine vernetzte Welt, in der nicht nur Personen über Endgeräte miteinander kommunizieren, sondern auch Gegenstände vernetzt sind und untereinander kommunizieren. So kann beispielsweise eine Heizung über die Vernetzung erkennen, wenn sich der Besitzer seinem Zuhause nähert. Dies gibt der Heizung die Möglichkeit, die gewünschte Temperatur schon vor seiner Ankunft einzustellen. Während das IoT über die vergangenen Jahre bereits in vielen Lebensbereichen zur Realität geworden ist, steht aus Sicht des

Nutzers auch in einer vernetzten Welt das Smartphone immer noch im Zentrum (vgl. Abschn. 1.12). Ob Smartwatches, Fitnessbänder oder intelligente Heizungssysteme: Die Steuerung und Kommunikation mit diesen vernetzten Dingen findet zum Großteil über das Smartphone statt. Aus diesem Grund sehen Experten das IoT häufig auch als Teilentwicklung von Mobile.

Um in diesem Buch einen klaren Fokus zu behalten, setzen wir im Folgenden den Begriff Mobile mit dem Endgerät Smartphone gleich. Diese Vereinfachung hilft dabei, klare Handlungsempfehlungen zu geben, ohne sich in Details zu verlieren.

1.3   Die Geburtsstunde der Smartphones

Als Steve Jobs 2007 auf der Macworld mit den Worten „today Apple is going to reinvent the phone" die erste Version des iPhones vorstellte, konnte keiner der geladenen Gäste realistisch abschätzen, wie recht der Apple-Gründer mit dieser Aussage behalten würde. Der bahnbrechende Erfolg des iPods – der binnen weniger Jahre zum Synonym für MP3-Player wurde und eine ganze Industrie disruptiv veränderte – ließ Analysten zwar schon damals hohe Erwartungen in das Produkt setzen, doch es schien, als hätten Unternehmen wie Nokia, Motorola und Blackberry den Mobilfunkmarkt fest in ihren Händen. Spätestens als das Time Magazine das iPhone zur Best Invention 2007 (Grossman 2007) kürte, war dem mobilen Gerät aus Cuppertino die Aufmerksamkeit der Medien und Konsumenten sicher. Eine Erfolgsgeschichte, die bis heute anhält. So wurde bereits im Jahr 2011 erstmals mehr Smartphones als stationäre PCs an Konsumenten ausgeliefert (Wächter 2015).

Im Vergleich zu sogenannten Feature Phones, die bereits über Internetzugang über WAP (Wireless Access Protocol) und Software-Applikationen verfügten, bieten Smartphones Zugang zu dem vollwertigen Internet über HTML (Hypertext Markup Language). Hierfür können Nutzer sowohl WLAN als auch schnelle Datenverbindungen wie 3G oder 4G (LTE) über das Mobilfunknetz nutzen. Die Bedienung von Smartphones findet dabei über einen Touchscreen statt. Die Betriebssysteme von Smartphones sind multitaskingfähig, bieten also die Möglichkeit, mehrere Anwendungen und Funktionen gleichzeitig auszuführen. Die hierfür benötigten Apps sind über spezielle App Stores verfügbar, sodass Smartphones stetig um weitere Funktionen erweitert werden können.

Auch wenn das iPhone nicht das erste Mobilfunkgerät mit Touchscreen und Internetanschluss war, prägte es den Begriff „Smartphone" entscheidend und machte das Jahr 2007 für Marktexperten zum offiziellen Geburtsjahr dieser neuen Geräteklasse.

Für sie ist es auch unumstritten, dass hierzu nicht nur technische Innovationen, sondern vor allem auch das Marketing und die Strahlkraft von Apple und Steve Jobs ihren Beitrag leisteten.

1.4 Der neue First Screen

Heute sind Smartphones längst zum Massenmedium avanciert und müssen in einer Reihe mit klassischer Medien wie TV, Radio und Print genannt werden: Laut ARD/ZDF-Onlinestudie besitzen über 66 % der Deutschen ab 14 Jahren ein Smartphone, bei den 14- bis 29-Jährigen sind es mit 98 % nahezu alle (Koch und Frees 2016). Die durchschnittliche Nutzung liegt dabei bei etwa 108 min pro Tag (BVDW 2016).

Für viele seiner Nutzer ist das Smartphone heute der First Screen, also das digitale Endgerät, das sie für den Großteil der Aufgaben als erstes nutzen. Dies ist vor allem dadurch zu erklären, dass das Smartphone omnipräsent ist und selbst unterwegs jederzeit Zugriff auf Informationen und Dienste bietet. Wer beispielsweise wissen möchte, wie das Wetter wird, wird sehr wahrscheinlich eher sein Smartphone zur Hand nehmen, als auf die Wettervorhersage im Fernsehen zu warten, eine Zeitung zu kaufen oder den Computer hochzufahren. Laut ARD/ZDF ist das Smartphone seit 2016 über alle Zielgruppen hinweg das am häufigsten genutzte Gerät zur Internetnutzung in Deutschland (Koch und Frees 2016). Betrachtet man nur die private Internetnutzung, findet hier laut GfK bereits 68 % über das Smartphone statt (GfK 2015).

Multi-Screen-Nutzer

Eine Vielzahl der heutigen Nutzer greifen über mehrere digitale Endgeräte auf das Internet zu und können als Multi-Screen-Nutzer bezeichnet werden. Im Durchschnitt verfügen die Deutschen über 2,8 digitale Endgeräte. Über 29 % der Nutzer besitzen sowohl einen Computer als auch ein Smartphone und ein Tablet (Google 2015).

Das Smartphone ist für seine Nutzer längst zum Schweizer Messer des Informationszeitalters geworden: Vom Kompass über die Eieruhr bis hin zur Taschenlampe – es bietet Zugriff auf eine Vielzahl an Funktionen, die uns im Alltag unterstützen. Hierfür sind Smartphones mit Sensoren ausgestattet wie beispielsweise dem GPS-Empfänger für die lokale Ortung oder dem Gyroskop, welches analysiert, wie man das Smartphone hält und in welche Richtung man sich bewegt. Die über die Sensoren gemessenen Daten können zur Optimierung der Nutzerfreundlichkeit eingesetzt werden, beispielsweise bei Navigationsdiensten wie Google Maps. Durch die Integration mit anderen Endgeräten und vernetzten Objekten wird das Smartphone darüber hinaus zunehmend zur Fernbedienung der vernetzten Welt.

Bei all den Vorteilen von Smartphones muss man jedoch auch die Einschränkungen im Vergleich zu Computern und Laptops berücksichtigen. Auch wenn die Screengröße in den vergangenen Jahren kontinuierlich gestiegen ist und die Touchscreen-Tastatur immer ausgereifter wird, werden komplexere Aufgaben wie beispielsweise das Verfassen eines längeren Textes oder die Entwicklung einer PowerPoint-Präsentation auch nach wie vor primär an Desktop- beziehungsweise Laptop-PCs vorgenommen. Dazu kommen die Einschränkungen bei der Mobilität: Nicht an jedem Ort ist der Empfang garantiert und die Internetnutzung über das Mobilfunknetz kann selbst mit Mobilfunkstandards wie 4G zum Teil sehr eingeschränkt sein. Weitere nennenswerte Einschränkungen sind die Akkulaufzeit, der limitierte Speicherplatz sowie die Datenbegrenzung bei den Mobilfunkverträgen.

Bei allen Einschränkungen scheinen für Nutzer jedoch für viele Tätigkeiten die Vorteile von Smartphones zu überwiegen. So werden heute immer mehr Tätigkeiten mobil durchgeführt und der Funktionsumfang der Alltagsbegleiter wächst stetig. Für eine steigende Anzahl Nutzer, den sogenannten Mobile-Only-Nutzern ersetzt das Smartphone heute bereits komplett den stationären PC. In Deutschland liegt der Anteil der Mobile-Only-Nutzer laut comScore erst bei 2,3 % (Bernschneider 2017), doch gerade in Entwicklungsländern ersetzt das Smartphone für viele Nutzer den stationären Computer. Gründe hierfür sind die fehlende Infrastruktur für Festnetzanschlüsse, sowie die hohen Kosten für die Anschaffung von PCs. Der Mobile-Only-Trend spiegelt sich auch in den Nutzungszahlen von Facebook wider: 2016 griffen weltweit bereits 56,5 % der Nutzer ausschließlich über Mobile auf das Portal zu (Venturebeat 2016).

1.5　　Das persönlichste aller Endgeräte

Im Vergleich zu anderen digitalen Endgeräten ist das Smartphone vor allem das persönlichste. Während Computer oder Tablets häufig mit Kollegen und Familienangehörigen geteilt werden, kann ein Smartphone immer genau einer Person zugeordnet werden. Über die Personalisierung durch PIN, Fingerabdruck, Hintergrundbild und Auswahl der Apps auf dem Homescreen hinaus, sind es aber vor allem die Inhalte, die das Smartphone zu einem so persönlichen Medium machen: private Fotos und Videos, persönliche Nachrichten und E-Mails sowie Adressbuch und Bookmarks. Nicht zu vergessen die persönlichen Gerätedaten wie Telefonverbindungen oder Historie über Aufenthaltsorte. Dies führt bei Nutzern unmittelbar zu einem gesteigerten Datenschutzbewusstsein. Wer würde heute noch jemandem sein Smartphone leihen oder es auch nur für ein paar Minuten aus der Hand geben?

Wie selbstverständlich die ständige Verfügbarkeit des Smartphones für seine Nutzer heutzutage ist und wie stark die emotionale Verbundenheit sein kann, belegen eine Vielzahl an wissenschaftlichen Studien. So führte die California State University beispielsweise eine Studie mit iPhone-Nutzern durch, bei der eine Testgruppe ihre Smartphones vor einem Stresstest abgeben musste, während die Kontrollgruppe ihren mobilen Wegbegleiter behalten durfte. Die Studienergebnisse zeigten eindeutig, dass gerade Teilnehmer mit durchschnittlicher bis sehr häufiger Nutzung ohne Smartphone Stress- und sogar Angstgefühle verspürten (Honey 2015). Hierfür gibt es seit ein paar Jahren sogar eine wissenschaftliche Bezeichnung: Die Angst, ohne Handy nicht mehr für soziale oder geschäftliche Kontakte erreichbar zu sein, wird als Nomophobie (Abkürzung für No-Mobile-Phobie) bezeichnet.

Die Entwicklung vom stationären Computer zum mobilen Smartphone zeigt, dass die Entfernung zwischen Nutzer und Endgerät immer mehr abnimmt. Eine Entwicklung, die durch tragbare Endgeräte, sogenannte Wearables, wie beispielsweise Smartwatches, Fitnessbänder oder Virtual-Reality-Brillen, bereits die nächste Stufe erreicht hat. Der Bloomberg-Redakteur Leonid Bershidsky geht in einer Kolumne sogar soweit, dass er den modernen Menschen einen Cyborg nennt: „We have arrived at a stage where the devices we carry in our pockets, or wear on our wrists, are no less part of our being than they would be if implanted in our bodies" (Bershidsky 2014).

Der nächste logische Schritt dieser Entwicklung ist die Implementierung von Endgeräten in den menschlichen Körper. Der Einsatz von sogenannten Implantables klingt zwar noch nach Zukunftsmusik, könnte aber schon schnell zum Alltag werden. So forscht beispielsweise die Bill Gates Foundation zusammen mit dem Massachusetts Institute of Technology an Chips zur Geburtenkontrolle (Paras 2016). Auch für die Messung des Gesundheitszustands – beispielsweise des Blutzuckerspiegels für Diabetiker – bieten sich Implantables an.

Doch auch unabhängig von Wearables, Implantables und anderen möglichen Zukunftsszenarien bleibt festzuhalten, dass das Smartphone ein sehr persönliches Endgerät ist und Nutzer eine besonders intimere Bindung zu ihm aufbauen.

1.6 iOS vs. Android

Auch wenn Apple mit der Einführung des iPhones unumstritten den Smartphone-Markt revolutioniert hat, konnte Google mit dem Android-Betriebssystem den Kampf um die Marktvorherrschaft für sich entscheiden. So wurden 2011 erstmals mehr Smartphones mit Android als mit iOS verkauft (IDC 2016). Mit einem Anteil von über 83,7 % weltweit ist Android heute das führende Betriebssystem für Smartphones und hat Apples iOS mit 15,3 % weit abgehängt. In Deutschland sind die Zahlen nicht ganz so dramatisch, jedoch liegt auch hier bei neuen Smartphones der Android-Anteil bei 76 % (Statista 2016a).

Der entscheidende Unterschied in der Produktstrategie der beiden Betriebssysteme ist, dass die Android-Software geräteunabhängig entwickelt wurde, während iOS nur in Kombination mit Apples hauseigenen iPhones ausgeliefert wird. Dies führt dazu, dass mit Android ausgestattete Smartphones sowohl im Low-Budget-, im mittleren als auch im Premium-Segment verfügbar sind. Dazu kommt, dass Anbieter wie Samsung den einstigen Marktführer Apple in den vergangenen Jahren bei der Innovationskraft abgelöst haben und Erweiterungen wie große Displays, NFC oder Virtual-Reality-Zubehör bereits vor dem iPhone in ihre Produkte integrierten.

Doch auch wenn die Verbreitungszahlen eindeutig sind, bietet der Ansatz von Apple einige Vorteile für die Nutzer. Das geschlossene System ist sicherer, weniger anfällig für Viren und bietet Nutzern einen höheren Datenschutz. Dies führt unter anderem auch dazu, dass die Zahlungsbereitschaft beispielsweise bei dem Kauf von Apps über das iPhone deutlich höher ist als bei Android (Wired 2016). Ein weiterer Vorteil für Nutzer ist, dass die regelmäßig erscheinenden Updates sofort für alle Endgeräte zur Verfügung stehen und nicht erst von den jeweiligen Android-Lizenznehmern adaptiert werden müssen.

Neben iOS und Android gibt es eine Vielzahl an weiteren zum Teil sehr innovativen Betriebssystemen für Smartphones. Hier sind vor allem Windows Phone und Blackberry OS zu nennen. Aufgrund des hohen Marktanteils von iOS und Android (99 %) werden im Folgenden jedoch nur die beiden führenden Betriebssysteme berücksichtigt.

1.7 Apps sind das neue Internet

Eine der großen Innovationen des iPhones und fester Bestandteil unseres heutigen Verständnisses von Smartphones sind Mobile Apps. Im Gegensatz zu Websites, die auf dem HTML-Standard basieren und über Browser theoretisch auf jedem Endgerät dargestellt werden können, müssen Mobile Apps speziell für das jeweilige Betriebssystem des Smartphones entwickelt werden. Apps haben Zugriff auf nahezu alle Funktionen des Gerätes und ermöglichen eine für das jeweilige Betriebssystem optimierte Nutzererfahrung.

Zwar gab es schon vor dem iPhone eine Vielzahl mobiler Applikationen, jedoch stellte Apple mit dem App Store im Jahr 2008 erstmals einen funktionierenden Marktplatz für Apps zur Verfügung. Heute stehen in Apples App Store bereits über zwei Millionen verschiedene Apps zum Download bereit. Für Android Smartphones bietet der Google Play Store Zugriff auf über 2,2 Mio. Apps (Statista 2016b). Neben den großen Plattformen wie Facebook, WhatsApp und Amazon sind vor allem sogenannte Casual Games wie Angry Birds, Doodle Jump, Clash Of Clans, Candy Crush oder Quizduell erfolgreich. 2016 veröffentlichte Nintendo das Spiel Pokémon Go und erreichte binnen weniger Wochen 100 Mio. Installationen und geschätzte Einnahmen in Höhe von 10 Mio. US$ pro Tag (Techcrunch 2016).

Ob unterhaltsame Spiele, Tracking-Apps fürs Jogging, das Buchen eines Carsharing-Autos oder das Zählen von Kalorien – neue Apps erweitern das Smartphone stetig um weitere Funktionalitäten. 2010 sicherte sich Apple die Rechte für den Slogan „There is an app for that" (Nemeth 2010), der beispielhaft für die Nutzung von Apps ist: Für nahezu jede Alltagssituation steht uns eine App als Helfer zur Verfügung. Besonders erfolgreich sind daher auch sogenannte Single Purpose Apps, also Apps, die ausschließlich für die Erfüllung einer gezielten Anwendung entwickelt wurden.

Im Juli 2016 verkündete das Analyseunternehmen comScore, dass in den USA bereits 50 % der gesamten Internetnutzung – ob Online oder Mobile – innerhalb von mobilen Apps stattfand (Lella 2016). Laut GfK fanden in Deutschland sogar bereits 68 % der privaten Internetnutzung auf dem Smartphone und davon 94 % innerhalb von Apps statt (siehe Abb. 1.1). Diese Zahlen unterstreichen, dass Apps die Smartphone-Nutzung dominieren. Hierzu zählen natürlich vor allem auch vorinstallierte Apps wie Nachrichten, Kalender oder Notizen sowie die Apps der

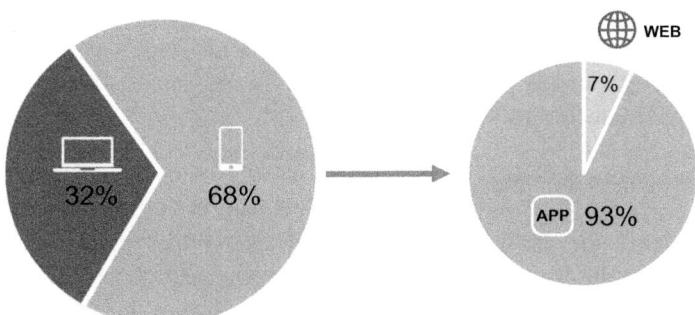

Abb. 1.1 Private Internetnutzung nach Endgerät. (GfK 2015)

großen Digitalunternehmen wie Google, Facebook, Amazon, Spotify oder eBay.
Während Apps vor allem für die wiederkehrende Nutzung eingesetzt werden, findet im Browser eher eine situative Nutzung beispielsweise für die Recherche oder
den einmaligen Aufruf einer Unternehmens-Website statt.

1.8   Social Media und Messenger

Die Erfolgsgeschichte der Mobiltelefone beginnt schon lange vor dem ersten
Smartphone und den ersten Apps und wurde vor allem durch seine zwei Grund-
funktionalitäten Telefonie und SMS getragen – beides Kommunikationskanäle,
die auf der ganzen Welt Menschen seit Jahren miteinander verbinden. Daher ist es
wenig überraschend, dass mobile Endgeräte auch im Zeitalter der Smartphones in
erster Linie als Kommunikatoren eingesetzt werden und heute Social Media und
Messenger Apps die Mediennutzung dominieren. So haben in Deutschland über
70 % aller Nutzer Apps wie Facebook Messenger, WhatsApp, Instagram oder
Snapchat installiert (Bitkom 2015). Im Durchschnitt verbringen sie laut ARD/
ZDF-Onlinestudie 55 min am Tag damit, sich über diese Plattformen Nachrichten
zu schicken, sich in Gruppen zu organisieren oder Erlebtes und Inhalte miteinander zu teilen (Koch und Frees 2016).

Generell können diese Plattformen in drei Kategorien eingeteilt werden:
Öffentliche soziale Netzwerke, geschlossene soziale Netzwerke und Messenger.
Zu den öffentlichen sozialen Netzwerken zählen unter anderem Twitter, Instagram und Pinterest. Auch wenn diese Plattformen einen privaten Modus anbieten,
steht dennoch das öffentliche Teilen von Inhalten im Zentrum. Geschlossene soziale Netzwerke sind unter anderem Facebook, Snapchat und LinkedIn. Hier steht
das Teilen von Inhalten und die Kommunikation innerhalb eines geschlossenen
Kreises mit Freunden, Business-Kontakten oder anderen Interessensgruppen im
Vordergrund. Messenger wie WhatsApp, Facebook Messenger oder WeChat hingegen werden vor allem für die Kommunikation zwischen zwei Personen oder in
definierten Gruppen eingesetzt.

Social Media = Facebook
Mit fast zwei Milliarden Nutzern weltweit und 30 Mio. in Deutschland ist
Facebook heute das größte soziale Netzwerk (Gillner 2017). Wie wichtig
Mobile für die Plattform ist, zeigen die Nutzungsstatistiken: Über eine Mil-
liarde Nutzer greifen auf die Plattform täglich über ihr mobiles Endgerät zu
(Venturebeat 2016). Auch die Umsätze des Unternehmens aus dem Silicon Val-
ley werden mittlerweile zum Großteil (84 %) über mobile Nutzung generiert

(Facebook 2016). 2012 verkündete Gründer Mark Zuckerberg den Kauf des Wettbewerbers Instagram für eine Milliarde Dollar (WSJ 2012), um so zum Marktführer bei den öffentlichen und geschlossenen sozialen Netzwerken zu werden. 2014 kaufte Facebook den Messenger-Dienst WhatsApp für die Gesamtsumme von 19 Mrd. US$ (Olson 2014). Zusätzlich dazu entkoppelte das Unternehmen die Chatfunktion von Facebook in eine eigene App mit dem Namen „Messenger". Die geplante Acquisition von Snapchat hingegen gelang dem Social-Media-Riesen nicht (Fiegerman 2014).

Social Media ist schon seit Jahren in der Onlinewelt erfolgreich, doch erst auf dem Smartphone entfaltet es sein volles Potenzial. Hier können Nutzer in jeder Lebenssituation Inhalte mit ihrem Netzwerk teilen – und zwar genau in dem Moment, in dem es für sie relevant ist. Dabei haben sie direkten Zugriff auf Smartphone-Kamera und Mikrofon und können einfach Foto-, Video- oder Audioaufnahmen erstellen. Diese multimedialen Fähigkeiten machen sich neben Facebook vor allem Plattformen wie Instagram, Snapchat oder Periscope zunutze – Mobile Apps, die zum Teil ganz auf eine Onlinepräsenz verzichten und daher als New Platforms bezeichnet werden. Besonders spannend ist die Möglichkeit, Videos live zu übertragen und so sein Netzwerk an seinem aktuellen Moment – beispielsweise einem Konzert oder einer Pressekonferenz – teilhaben zu lassen. Erste Plattformen bieten diese Funktionalität auch mit 360-Grad-Videos und Virtual Reality.

Um die Nutzer dazu zu bringen, noch mehr Fotos und Videos zu teilen, führte Snapchat eine neue Funktion ein: Fotos und Videos werden nur für ein paar Sekunden angezeigt und löschen sich danach automatisch. Diese einfache Funktion war einer der Gründe, warum Snapchat innerhalb weniger Jahre zu einem der führenden sozialen Netzwerke aufsteigen konnte. Heute bietet die App darüber hinaus Nutzern und Marken die Möglichkeit, zusammengeschnittene Videoaufnahmen in Form von sogenannten Storys zu veröffentlichen und entwickelt sich zunehmend in Richtung einer Videoplattform.

Während bei sozialen Netzwerken wie Facebook oder Instagram vor allem das Teilen von Inhalten mit der Öffentlichkeit beziehungsweise dem Freundeskreis im Vordergrund steht, bieten Messenger-Dienste die Plattform zur direkten Kommunikation zwischen Nutzern untereinander und in organisierten Gruppen. Die Kommunikation findet hierbei über Text, Sprachnachricht, Bilder oder Video statt. Die internetbasierten und zum Großteil kostenlosen Dienste haben für viele Nutzer die klassische Kommunikation über SMS/MMS abgelöst (Welt 2016).

Dass Messenger-Dienste jedoch mehr als nur reine Chats sind, sondern als universelle Service-Plattform eingesetzt werden können, zeigt das Beispiel

WeChat. Über die in China entwickelte Plattform können Nutzer Produkte kaufen, Hotels reservieren, Geld überweisen, Flüge buchen oder Kinotickets kaufen. Hierfür bietet WeChat Unternehmen die Möglichkeit, eigene Unternehmensseiten innerhalb der App aufzusetzen und darüber mit Kunden zu kommunizieren. In China ist WeChat längst zum Standard geworden und viele Unternehmen können es sich nicht mehr leisten, auf diesen Kanal zu verzichten. Weltweit nutzen nach eigenen Angaben der Plattform über 800 Mio. Menschen WeChat.

Dass Messenger eine neue Zugangsform zu Informationen und Dienstleistungen im Internet sind, haben auch die Unternehmen aus dem Silicon Valley erkannt. Auf der Entwicklerkonferenz F8 präsentierte Mark Zuckerberg im April 2016 das Konzept der Messenger Platform, die einen klaren Fokus auf Unternehmen hat (Constine 2016). Über sogenannte Chatbots, also intelligente Programme, können diese innerhalb von Messengern beispielsweise für den Kundenservice, Reservierungsdienste oder Shopping-Plattformen automatisiert mit ihren Kunden kommunizieren.

1.9   Personal Assistants and AI

Spätestens seit der Einführung von Siri für das iPhone 4S im Jahr 2011 ist Nutzern das Konzept der Personal Assistants grundsätzlich bekannt. Über das Halten des Home-Buttons des iPhones begrüßt einen die freundliche Computerstimme mit dem Satz „Wie kann ich behilflich sein?" und nimmt Befehle in Form von Sprachaufnahmen entgegen. Hierbei bietet Siri einen sich stetig erweiternden Funktionsumfang und seit iOS 10 können auch Funktionen von Apps Dritter integriert genutzt werden. So ist es beispielsweise möglich, Siri eine Nachricht über WhatsApp verschicken zu lassen, nach dem Wetter am Urlaubsort zu fragen oder ein Taxi über eine Taxi-App bestellen zu lassen.

Auch Google bietet für Android Smartphones einen Personal Assistant mit vergleichbarem Funktionsumfang. Darüber hinaus integrierte das Unternehmen den Assistenten auch innerhalb des eigenen Messengers Allo. Dies ermöglichte es Nutzern erstmals, auch über Textnachrichten mit dem Personal Assistant zu interagieren und die Antworten, beispielsweise die Suchergebnisse für eine Anfrage nach Restaurants in der Umgebung, direkt in Gruppenkonversation einzubinden. Einen ähnlichen Ansatz verfolgt auch „M", der Personal Assistant des Facebook Messengers.

In Deutschland haben laut Nutzerbefragung bereits 47 % der Internetnutzer Erfahrung mit Personal Assistants gemacht (Brandt 2017). Zu den häufigsten Anwendungsszenarien zählen das Anrufen von Kontakten (56 %), die Bedienung von Navigationssoftware (51 %), die generelle Suche nach Informationen (50 %), das Verfassen von Nachrichten (49 %), die Wiedergabe von Entertainment-Inhalten (33 %), das Verwalten von Terminen (33 %) sowie die Steuerung von Smart-Home-Anwendungen (29 %). Die Möglichkeit, über einen Personal Assistant Produkte zu bestellen, nutzen aktuell erst 14 % der befragten Nutzer.

Mit Appels Siri, Googles Assistant, Amazons Alexa, Microsofts Cortana und Facebooks M bieten heute alle großen digitalen Unternehmen eigene Assistenten. Die Assistenten unterscheiden sich vor allem in Sprachverständnis, Intelligenz und Datenbasis und haben somit auch unterschiedliche Stärken und Schwächen (Chen 2016). Generell gilt: Je mehr Informationen dem Unternehmen über den Nutzer zur Verfügung stehen und je ausgereifter die künstliche Intelligenz, die sogenannte Artificial Intelligence (Kurzform: AI), ist, desto besser kann ein Personal Assistant dem Nutzer im Alltag assistieren.

Wie wichtig das Thema AI für die digitalen Unternehmen ist, unterstreicht ein Zitat von Google CEO Sundar Pichai. Nachdem Google viele Jahre von einer Mobile-First-Strategie sprach, stellt sich das Unternehmen nun für das Zeitalter der künstlichen Intelligenz auf: „The last 10 years have been about building a world that is mobile-first, turning our phones into remote controls for our lives. But in the next 10 years, we will shift to a world that is AI-first, a world where computing becomes universally available" (Business Insider 2016).

Doch Personal Assistants sind längst nicht mehr auf die Nutzung über das Smartphone begrenzt. So machte Apple seinen Assistenten beispielsweise auch für den Mac, die iWatch sowie für Apple TV verfügbar. Mit Amazon Echo entwickelte der E-Commerce-Riese ein Audiosystem für zu Hause, das die Kommunikation mit Alexa im freien Raum ermöglicht. Auch Google bietet mit Google Home und Apple mit dem HomePod mittlerweile vergleichbare Hardware an. Während bei Personal Assistants auf dem Smartphone die Sprache lediglich zur Steuerung eingesetzt wird, verzichten Technologien wie Amazon Echo, Google Home und Apple HomePod komplett auf einen Screen.

Ob mobile Websites, Apps, Messenger-Dienste oder Sprach-Assistenten: Nutzer entscheiden sich auf dem mobilen Endgerät meist für den schnellsten Weg, um ans Ziel zu gelangen. Wer über seinen Personal Assistant ein Hotel buchen kann, wird es sich zukünftig zweimal überlegen, ob er sich eine App herunterlädt beziehungsweise die Website des Anbieters über den Browser aufruft. Vor allem dann, wenn Bezahlinformationen hinterlegt und dem Assistenten der Aufenthaltsort bekannt ist. Die intuitive Bedienung über Sprache ist für viele Einsatzszenarien eine Stärke von Personal Assistants. Doch genauso wie Apps mit ihrer Einführung nicht das mobile Web ersetzt haben, werden Messenger und Personal Assistants die Nutzung von Apps und Websites nicht komplett ersetzen.

1.10   Mobile Moments

Während die klassische, stationäre Onlinenutzung vor allem durch wenige, dafür aber sehr intensive Nutzungen geprägt ist, sind für Mobile eine Vielzahl an kurzen Nutzungen, die sich über den gesamten Tagesverlauf hinweg erstrecken, charakteristisch. Dies ist ein Phänomen, das man am besten bei seiner eigenen Mediennutzung beobachten kann.

Laut Google Whitepaper (Google 2016) greifen Nutzer in den USA im Durchschnitt 150 Mal am Tag zu ihrem Smartphone. Dies würde bedeuten, dass sie an einem durchschnittlichen Tag etwa alle sechs Minuten auf das kleine Display schauen. Geht man davon aus, dass Nutzer am Tag 177 min mit ihrem Smartphone verbringen (Flurry 2014), ergibt dies eine durchschnittliche Nutzungsdauer von etwa 78 s. Die Zahlen, die zur Nutzungsfrequenz und -intensität zu finden sind, unterscheiden sich je nach Studie jedoch massiv. Dies ist auf der einen Seite durch regionale, kulturelle und zielgruppenbedingte Unterschiede begründbar, auf der anderen Seite liegt es aber auch daran, dass Studien meist auf Befragungen basieren und Nutzer nur sehr schwer selbst einschätzen können, wie häufig sie tatsächlich zum mobilen Wegbegleiter greifen.

Dass ein großer Teil der Nutzung heute unbewusst stattfindet, konnte unter anderem bei einer qualitativen Studie an der University of Lincoln in Großbritannien belegt werden (Pietschnig 2015). Für die Studie wurde die mobile Nutzung von 23 Smartphone-Nutzern über zwei Wochen analysiert. Hierbei wurden die Teilnehmer in einer Befragung zur Selbsteinschätzung befragt, darüber hinaus wurde jedoch auch ihre tatsächliche Nutzung technisch mithilfe einer Tracking-App gemessen. Das Ergebnis: Mit 85 Sitzungen nutzten die Teilnehmer ihre Smartphones doppelt so häufig, wie sie selbst eingeschätzt hatten. Die Hälfte der Nutzungen dauerte laut Studie unter 30 s an. Zu einem ähnlichen Ergebnis kommt auch eine Studie der Universität Bonn, die bei der Beobachtung von 60.000 Probanden eine durchschnittliche Nutzung von 88 Sitzungen messen konnte (Köllen 2015).

In der Branche werden diese kurzen Nutzungssituationen als Mobile Moments oder auch geräteunabhängig als Micro Moments bezeichnet. Geprägt wurde dieser Begriff vor allem durch das Whitepaper von Google „Micro-Moments: Your Guide to Winning the Shift to Mobile" (Google 2016). Die Veröffentlichung beschreibt die neue Mediennutzung und gibt Unternehmen ein Modell an die Hand, wie sie ihr Marketing daraufhin optimieren. Laut Google müssen Unternehmen im entscheidenden Moment da sein („Be There"), einen Mehrwert liefern („Be Useful") und Informationen und Dienstleistungen möglichst einfach und schnell zur Verfügung stellen („Be Quick").

Das Marktforschungsinstitut Forrester Research nennt das hier beschriebene Phänomen den Mobile Mind Shift (Forrester 2016). Laut Forrester haben Konsumenten heute die Erwartung, dass alle Informationen und Dienstleistungen auf jedem Endgerät, in jedem Kontext und im Moment des Bedarfs zur Verfügung stehen. Um den Mobile Mind Shift von Nutzern zu messen, bietet Forrester einen eigenen Index an: In Abhängigkeit der genutzten Endgeräte, Nutzungssituationen und der Anzahl unterschiedlicher Nutzungsorten berechnet das Unternehmen, wie weit fortgeschritten der Mobile Mind Shift bei den jeweiligen Nutzern ist.

Unabhängig von Nutzungsfrequenz und -intensität unterscheiden sich Mobile Moments vor allem durch ihren spezifischen Kontext. Während die Onlinenutzung vorrangig am Schreibtisch stattfindet, kann das Smartphone in jeder Lebenssituation zum Einsatz kommen. Um den Kontext eines spezifischen Mobile Moments zu verstehen, müssen vor allem die in Abb. 1.2 aufgeführten Parameter berücksichtigt werden.

Wer seine eigene mobile Nutzung unter Berücksichtigung dieser Parameter analysiert, wird schnell feststellen, wie unterschiedlich die Erwartungshaltung des Nutzers an das jeweilige mobile Erlebnis ist. Ein gestresster Geschäftsreisender, der am Bahnhof seinen Zug nicht verpassen möchte und über das Smartphone nach dem Gleis sucht, wird möglichst schnell und ohne Umwege ein Ergebnis erzielen wollen. Sitzt dieselbe Person jedoch am Sonntagabend auf dem Sofa und vertreibt sich die Zeit in sozialen Netzen, ist sie möglicherweise offen für Inspirationen und Ablenkung.

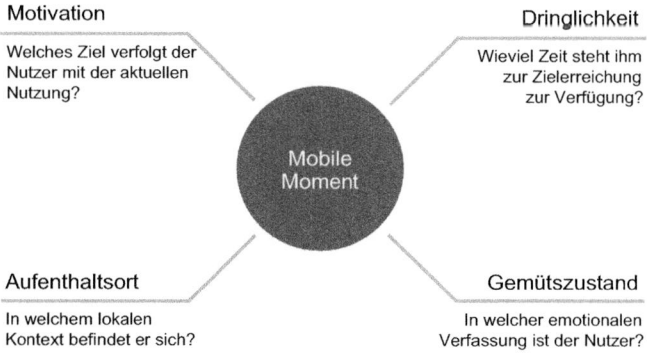

Abb. 1.2 Klassifizierung von Mobile Moments

In den vergangenen Jahren hat sich übrigens nicht nur die Mediennutzung rasant verändert, auch die Aufmerksamkeitsspanne hat sich dem digitalen Wandel angepasst. Laut Studie von Microsoft ist unsere Konzentrationsfähigkeit in den vergangenen 15 Jahren von zwölf auf acht Sekunden gefallen (t3n 2015). Zum Vergleich: Einem Goldfisch wird eine Aufmerksamkeitsspanne von etwa neun Sekunden bescheinigt.

1.11   Mobile in der Customer Journey

Als Customer Journey wird der Prozess bezeichnet, den Konsumenten bei der Kaufentscheidung durchwandern. Dieser war schon immer komplex und geprägt durch eine Vielzahl an Berührungspunkten, sogenannter Touchpoints. So kann beispielsweise ein Fernsehspot ein erstes Interesse an einem Produkt wecken, zur Kaufentscheidung führt jedoch eine persönliche Empfehlung von einem Bekannten und zum Kaufabschluss schließlich eine Rabattaktion in einem Prospekt. Gerade bei High-Involvement-Produkten wie beispielsweise beim Kauf eines Autos, erstreckt sich die Customer Journey zumeist über viele Jahre und kann alle denkbaren Touchpoints umfassen.

Die zunehmende Anzahl an digitalen Endgeräte wie PCs, Tablets oder Smartphones sowie den damit verbundenen neuen Kanälen wie Suchmaschinen, soziale Medien oder Apps, macht diesen Prozess heute fragmentierter als er je zuvor war. Für Marketer wird es zunehmend zur Herausforderung, die Customer Journey seiner potenziellen Kunden in all seinen Details zu verstehen und so die relevanten Kanäle zu bespielen.

Als First Screen seiner Nutzer spielt das Smartphone natürlich auch beim Kaufprozess eine immer relevantere Rolle – und das innerhalb aller Phasen der gesamten Customer Journey: So kann ein Nutzer beispielsweise über mobile Werbung auf ein Produkt aufmerksam gemacht werden, sich über eine mobile Website oder Landingpage weiterführende Informationen zur Kaufentscheidung einholen und schließlich über einen Mobile Shop den Kaufabschluss tätigen. Des Weiteren kann Mobile beispielsweise über Apps spezifische Services zur Kundenbindung anbieten und Nutzer über soziale Medien die Möglichkeit geben, zum Markenbotschafter zu werden und das Produkt weiterzuempfehlen.

Der Kaufentscheidungsprozess von Konsumenten lässt sich generell in sechs Stufen einteilen und in Form eines Trichters, eines sogenannten Customer Journey Funnels, darstellen (siehe Abb. 1.3).

Abb. 1.3 Customer Journey Funnel

In den vergangenen Jahren wurde Smartphones vor allem die Rolle des Recherche-Mediums zugesprochen. Ob während eines Fernsehspots, im Gespräch mit einem Bekannten oder bei der tatsächlichen Kaufentscheidung im Laden – das mobile Gerät liefert innerhalb weniger Sekunden Informationen über Produkte, deren Preise, Käuferbewertungen und Angebote von Wettbewerbern. Als Beispiel hierfür kann die App barcoo gesehen werden, die es seinen Nutzern ermöglicht, über den Scan eines Barcodes weiterführende Informationen, sogenanntes Extended Packaging (GS1 Germany 2016), zu erhalten.

Die Wahrnehmung, dass Mobile vor allem als Recherche-Medium innerhalb der Customer Journey eingesetzt wird, hat jedoch auch dazu geführt, dass Mobile über viele Jahre der Einsatz für den eigentlichen Kaufabschluss, die sogenannte Conversion, abgesprochen wurde. Tatsächlich waren Nutzer in Deutschland auch lange Zeit zurückhaltend beim Kauf über das Smartphone. Dies hatte auf der einen Seite etwas mit der fehlenden Nutzerfreundlichkeit von nicht oder unzureichend optimierten Shops zu tun, auf der anderen Seite jedoch auch mit Datenschutzvorbehalten und Sicherheitsbedenken. So sagten in einer Nutzerbefragung 2015 noch 48 % der Bevölkerung, dass sie noch nie einen Kauf über ihr

Smartphone getätigt haben (PwC 2016). Als Gründe hierfür gaben die Befragten in einer früheren Studie (Statista 2014) an, dass sie für einen Kaufabschluss ein größeres Display und eine Tastatur bevorzugen (52 %), dass sie kein Smartphone besitzen (30 %), Angst um ihre Daten und vor Kriminellen haben (23 %) und dass der Kaufabschluss zu kompliziert ist (10 %). Auch wenn diese Studien nicht mehr aktuell sind, können sie dennoch Aufschluss über die Beweggründe von Konsumenten geben.

Die Vorbehalte von Konsumenten gegenüber Mobile Shopping lösen sich allerdings über die letzten Jahre auf. So wurde in Deutschland 2016 bereits 38 % der Kaufabschlüsse in Onlineshops über Mobile abgeschlossen – 22 % davon über Smartphones und 16 % über Tablets. Der durchschnittliche Warenkorbwert lag dabei bei 85 EUR und damit fast so hoch wie der Durchschnitt von 100 EUR bei Einkäufen über den stationären PC (Criteo 2016).

Diesen Trend stützen auch Zahlen von Anbietern. Zalando beispielsweise gab in seinem Jahresbericht 2015 an, dass mehr als 57 % der Portalnutzung über Mobile stattfand und dass die App bereits 14 Mio. Mal heruntergeladen wurde (Zalando 2015a). Das in Europa führende Shopping-Portal für Fashion hatte in demselben Jahr über seinen Blog bekannt gegeben, im Unternehmen eine Mobile-First-Strategie zu etablieren (Zalando 2015b). Eine Entwicklung, die charakteristisch für viele E-Commerce-Anbieter ist.

Heute kann generell die Aussage getroffen werden, dass Mobile – gerade für jüngere Zielgruppen – in allen Phasen der Customer Journey stattfindet.

1.12 Mobile und das Internet of Things

Während in der Vergangenheit vor allem Endnutzergeräte wie Smartphones, Tablets oder Laptops über Funktechnologien verfügten, erhalten zunehmend auch Objekte wie Heizungen, Uhren oder Autos digitale Komponenten mit WiFi, Bluetooth oder mobiler SIM-Karte. Dies ermöglicht es ihnen, Informationen mit anderen Objekten austauschen und so smarte Gesamtlösungen zu bieten. Diese neue Realität, in der wir uns heute schon befinden, wird als Internet of Things (Kurzform: IoT) bezeichnet und stellt einen weiteren Evolutionsschritt innerhalb des digitalen Wandels dar. Während das Internet bisher in erster Linie für Endnutzer eingesetzt wurde, wird es nun zur Infrastruktur für eine vernetzte Welt. So gehen Marktanalysten (Gartner 2017) davon aus, dass bis Ende 2017 weltweit etwa 8,4 Mrd. vernetzte Objekte im Einsatz sein werden.

In dieser zunehmend vernetzten Welt nimmt das Smartphone eine zentrale Rolle für seine Nutzer ein. Es dient ihnen als Identifikation, als Datensammler und als Steuerungseinheit und ermöglicht eine beidseitige Interaktion zwischen dem Nutzer und seiner vernetzten Umgebung. Der BVDW spricht daher Mobile auch die Rolle des „Hubs zur vernetzten Welt" zu (vgl. Abb. 1.4).

Ein Beispiel für IoT sind tragbare Endgeräte, sogenannte Wearables, wie beispielsweise die Smartwatch, die VR-Brille oder das digitale Fitnessarmband. Während Smartwatch und VR-Brille eher als Verlängerung beziehungsweise weiterer Screen des Smartphones dienen, sind Fitnessarmbänder vor allem Sensoren, die für Applikationen auf dem Smartphone Daten sammeln. So kann ein Fitnessarmband beispielsweise eingesetzt werden, um den Pulsschlag des Nutzers zu messen und diesen einer Gesundheits-App zur Verfügung zu stellen.

Eine vernetzte Wohnung, in der Objekte mithilfe digitaler Technologien dem Menschen assistieren, wird als Smart Home bezeichnet. Als Beispiel hierfür können Heizungssysteme genommen werden, die intelligent die Temperatur steuern. So können einige Systeme beispielsweise die Heizung so konfigurieren, dass sie sich erst

Abb. 1.4 Das Smartphone als Hub zur vernetzten Welt

einschaltet, wenn sich der Besitzer auf dem Heimweg befindet. Hierfür muss der Nutzer eine spezielle App des Anbieters auf seinem Smartphone installiert haben, die seinen Aufenthaltsort kontinuierlich misst. Die Technologie bietet dem Nutzer optimalen Komfort und spart zudem noch Energiekosten.

Ob für die Navigation, den Öffnungsmechanismus oder das Radio – auch Autos werden zunehmend mit digitalen Erweiterungen ausgestattet. Ein vernetztes Fahrzeug, das sogenannte Connected Car, kann vom Nutzer zum Teil über das Smartphone, zum Teil aber auch über einen eigenen Screen bedient werden. Die Vision der Automobilhersteller sind autonome Fahrzeuge, die mithilfe von Verkehrsdaten, Sensoren und künstlicher Intelligenz selbstständig fahren können. Google testet aktuell selbstfahrende Autos auf den Straßen von Kalifornien und konnte schon über eine Million Testkilometer verzeichnen (Golem 2017).

Auch innerhalb des Ladenlokals kann das IoT für ein neues Kundenerlebnis sorgen. So können beispielsweise Sensoren wie sogenannte Beacons Konsumenten innerhalb des Gebäudes orten und sie so zu dem gesuchten Produkt leiten. Der Einsatz digitaler Technologien für den Handel kann als Connected Commerce bezeichnet werden.

Doch auch wenn das Smartphone für den Großteil der heute schon etablierten IoT-Anwendungen eine zentrale Rolle spielt, können IoT-Systeme auch vollkommen autark agieren. Das Audiosystem Amazon Echo beispielsweise wird zwar über das Smartphone initial konfiguriert, kann danach jedoch ohne den Screen des mobilen Endgerätes rein über die Sprachsteuerung genutzt werden.

Literatur

Bernschneider, Peter. 2017. Die Multi-Plattform Landschaft in Deutschland (15.06.2017). http://www.comscore.com/ger/Insights/Presentations-and-Whitepapers/2017/Die-Multi-Plattform-Landschaft-in-Deutschland. Zugegriffen: 18. Juni 2017.

Bershidsky, Leonid. 2014. Got a smartphone? You're probably a cyborg (08.09.2014). https://www.bloomberg.com/view/articles/2014-09-08/got-a-smartphone-you-re-probably-a-cyborg. Zugegriffen: 12. Sept. 2016.

Bitkom. 2015. 44 Millionen Deutsche nutzen ein Smartphone (25.03.2015). https://www.bitkom.org/Presse/Presseinformation/44-Millionen-Deutsche-nutzen-ein-Smartphone.html. Zugegriffen: 15. Jan. 2017.

Brandt, Mathias. 2017. Anwendungsbereiche von digitalen Sprachassistenten. https://de.statista.com/infografik/4928/anwendungsbereiche-von-digitalen-sprachassistenten/.

Business Insider. 2016. Google's CEO is looking to the next big thing beyond smartphones (22.04.2016). http://www.businessinsider.de/sundar-pichai-ai-first-world-2016-4. Zugegriffen: 6. Febr. 2017.

BVDW. 2016. DACH Studie 2016 (16.08.2016). http://www.bvdw.org/medien/chartband-bvdw-dach-studie-2016?media=8179. Zugegriffen: 18. Juni 2017.

Chen, Brian. 2016. Siri, Alexa and other virtual assistants put to the test (28.01.2016). https://www.nytimes.com/2016/01/28/technology/personaltech/siri-alexa-and-other-virtual-assistants-put-to-the-test.html. Zugegriffen: 26. Apr. 2017.

Constine, Josh. 2016. Facebook launches Messenger platform with Chat Bots (12.05.2016). https://techcrunch.com/2016/04/12/agents-on-messenger/. Zugegriffen: 17. Mai 2017.

Criteo. 2016. State of mobile commerce Q2 2016. http://www.criteo.com/media/6617/criteo-state-of-cross-device-commerce-2016-h2-de.pdf. Zugegriffen: 15. Jan. 2017.

DPA. 2015. Smartphone-zombie (13.11.2015). http://www.sueddeutsche.de/news/leben/gesellschaft-smartphone-zombie-smombie-ist-jugendwort-des-jahres-dpa.urn-newsml-dpa-com-20090101-151112-99-12112. Zugegriffen: 22. Mai 2017.

Facebook. 2016. Facebook reports third quarter 2016 results. https://investor.fb.com/investor-news/press-release-details/2016/Facebook-Reports-Third-Quarter-2016-Results/default.aspx. Zugegriffen: 15. Jan. 2017.

Fiegerman, Seth. 2014. Snapchat CEO reveals why he rejected facebook's $ 3 billion offer (06.01.2017). http://mashable.com/2014/01/06/snapchat-facebook-acquisition-2. Zugegriffen: 4. Juni 2017.

Flurry. 2014. Mobile to television: We interrupt this broadcast (18.09.2014). http://flurry-mobile.tumblr.com/post/115194107130/mobile-to-television-we-interrupt-this-broadcast. Zugegriffen: 24. Dez. 2016.

Forrester. 2016. The mobile mind shift index (2016). http://mobilemindshift.forrester.com. Zugegriffen: 24. Dez. 2016.

Gartner. 2017. Gartner says 8.4 billion connected "Things" will be in use in 2017, up 31 percent from 2016 (07.02.2017). http://www.gartner.com/newsroom/id/3598917. Zugegriffen: 23. Mai 2017.

GfK. 2015. GfK crossmedia link Germany (November 2015). http://www.gfk.com/de/produkte-a-z/crossmedia-link/. Zugegriffen: 5. Juni 2017.

Gillner, Susanne. 2017. Facebook hat über 30 Millionen Nutzer in Deutschland (01.06.2017). http://www.internetworld.de/social-media/facebook/facebook-30-millionen-nutzer-in-deutschland-1226516.html. Zugegriffen: 2. Juni 2017.

Golem. 2017. Googles autonome Autos fahren deutlich sicherer (02.02.2017). https://www.golem.de/news/testberichte-googles-autonome-autos-fahren-deutlich-sicherer-1702-125970.html. Zugegriffen: 4. Juni 2017.

Google. 2015. Consumer barometer (2015). https://www.thinkwithgoogle.com/intl/de-de/article/consumer-barometer-2015/. Zugegriffen: 21. Apr. 2017.

Google. 2016. Micro-moments: Your guide to winning the shift to mobile. https://www.thinkwithgoogle.com/marketing-resources/micro-moments/micromoments-guide-pdf-download/. Zugegriffen: 2. Juni 2017.

Grossman, Lev. 2007. Invention of the year: The iPhone (01.11.2007). http://content.te.com/time/specials/2007/article/0,28804,1677329_1678542_1677891,00.html/. Zugegriffen: 28. Aug. 2016.

GS1 Germany. 2016. Extended packaging. https://www.gs1-germany.de/gs1-solutions/mobile-commerce/extended-packaging/. Zugegriffen: 27. Dez. 2016.

Honey, Christian. 2015. https://www.wired.de/collection/science/nomophobie-angstzustande-wenn-das-handy-fehlt (14.1.2015). https://www.wired.de/collection/science/nomophobie-angstzustande-wenn-das-handy-fehlt. Zugegriffen: 28. Aug. 2016.

IDC. 2016. Worldwide smartphone growth forecast (01.06.2016). http://www.idc.com/get-doc.jsp?containerId=prUS41425416. Zugegriffen: 20. Jan. 2017.

Koch, Wolfgang, und Beate Frees. 2016. Ergebnisse der ARD/ZDF-Onlinestudie 2016 (12.10.2016). http://www.ard-zdf-onlinestudie.de/fileadmin/Onlinestudie_2016/0916_Koch_Frees.pdf. Zugegriffen: 22. Mai 2017.

Köllen, Jennifer. 2015. Digitale Abstinenz (14.10.2015). http://www.spiegel.de/gesundheit/diagnose/digitaler-burnout-zu-viel-smartphone-macht-ungluecklich-a-1056361.html. Zugegriffen: 22. Mai 2017.

Lella, Adam. 2016. Smartphone apps are now 50% of All U.S. digital media time spent (01.09.2016). https://www.comscore.com/Insights/Blog/Smartphone-Apps-Are-Now-50-of-All-US-Digital-Media-Time-Spent. Zugegriffen: 17. Sept. 2016.

Nemeth, Tizian. 2010. Apples "There is an App for that" wird geschützte Marke (12.10.2010). http://www.giga.de/unternehmen/apple/news/apples-there-is-an-app-for-that-wird-geschutzte-marke/. Zugegriffen: 17. Sept. 2016.

Olson, Parmy. 2014. Facebook closes $ 19 billion whatsapp deal (06.10.2014). http://www.forbes.com/sites/parmyolson/2014/10/06/facebook-closes-19-billion-whatsapp-deal/#22ea7cf2179e. Zugegriffen: 15. Jan. 2017.

Paras, Tara. 2016. Bill Gates to introduce remote-controlled sterilization microchips for women. http://newstarget.com/2016-02-11-bill-gates-to-introduce-remote-controlled-sterilization-microchips-for-women.html. Zugegriffen: 3. Juni 2017.

Pietschnig, Jakob. 2015. Beyond self-report: Tools to compare estimated and real-world smartphone use (28.10.2015). http://journals.plos.org/plosone/article?id=10.1371/journal.pone.0139004.

PwC. 2016. PwC-Studie Total Retail 2016: Das Smartphone als wichtigster Einkaufsbegleiter. http://www.pwc.de/de/handel-und-konsumguter/pwc-studie-total-retail-2016-das-smartphone-als-wichtigster-einkaufsbegleiter.html. Zugegriffen: 15. Jan. 2017.

Statista. 2014. Gründe gegen den Einkauf via Smartphone 2014. https://de.statista.com/statistik/daten/studie/343102/umfrage/gruende-gegen-den-einkauf-via-smartphone/. Zugegriffen: 15. Jan. 2017.

Statista. 2016a. Vergleich der Marktanteile von Android und iOS am Absatz von Smartphones in Deutschland von Januar 2012 bis November 2016. https://de.statista.com/statistik/daten/studie/256790/umfrage/marktanteile-von-android-und-ios-am-smartphone-absatz-in-deutschland/. Zugegriffen: 13. Jan. 2016.

Statista. 2016b. Number of apps available in leading app stores as of June 2016. https://www.statista.com/statistics/276623/number-of-apps-available-in-leading-app-stores/. Zugegriffen: 23. Sept. 2016.

T3N. 2015. Aufmerksamkeitsspanne sinkt unter Goldfisch-Niveau (20.05.2015). http://t3n.de/news/aufmerksamkeitsspanne-marketing-611627. Zugegriffen: 24. Dez. 2016.

Techcrunch. 2016. Pokémon Go passed 100 million installs over the weekend (01.08.2016). https://techcrunch.com/2016/08/01/pokemon-go-passed-100-million-installs-over-the-weekend/. Zugegriffen: 13. Jan. 2017.

Venturebeat. 2016. Facebook passes 1 billion mobile daily active users (27.07.2016). http://venturebeat.com/2016/07/27/facebook-passes-1-billion-mobile-daily-active-users/. Zugegriffen: 15. Jan. 2017.

Wächter, Mark. 2015. *Mobile Strategy: Marken- und Unternehmensführung im Angesicht des Mobile Tsunami*. Hattingen: Springer Gabler (08.12.2015).

Welt. 2016. Der schleichende Niedergang der SMS (01.02.2016). https://www.welt.de/wirtschaft/webwelt/article151714080/Der-schleichende-Niedergang-der-SMS.html. Zugegriffen: 4. Juni 2017.

Wired. 2016. Die App-Downloads bei Android steigen, aber auf iPhones wird das meiste Geld verdient (21.01.2016). https://www.wired.de/collection/tech/android-hat-die-meisten-app-downloads-aber-apple-verdient-das-geld. Zugegriffen: 13. Jan. 2016.

WSJ. 2012. Insta-Rich: $ 1 Billion for Instagram (10.04.2012). http://www.wsj.com/articles/SB10001424052702303815404577333840377381670. Zugegriffen: 15. Jan. 2017.

Zalando. 2015a. Jahresabschlüsse (2015). https://corporate.zalando.de/de/jahresabschluesse. Zugegriffen: 27. Dez. 2016.

Zalando. 2015b. Zalando goes #mobilefirst. https://blog.zalando.de/de/blog/zalando-goes-mobilefirst-unser-erster-mobile-first-day. Zugegriffen: 27. Dez. 2016.

Mobile Marketing

2

Zusammenfassung

Mobile Marketing ist keine grundlegend neue Disziplin und wurde in ihrer Anfangszeit vor allem durch Technologien wie SMS, WAP Websites und QR-Codes geprägt. Doch mit dem Erfolg der Smartphones und ständig neuen Innovationen hat sich auch Mobile Marketing weiterentwickelt und bietet heute Zugriff auf ein umfangreiches Arsenal an Marketinginstrumenten. Unternehmen können eigene Apps entwickeln, Produkte über Mobile Shops verkaufen, innovative Werbeformate nutzen, Chatbots für Messenger anbieten oder am Point-of-Sales den Kaufprozess digitalisieren. Hierbei ist es vor allem wichtig, Mobile ganzheitlich in den Marketingmix und in den crossmedialen Kontext zu integrieren. Doch als disruptive Entwicklung stellt Mobile Unternehmen auch vor strukturelle und kulturelle Herausforderungen. So muss eine Integration von Mobile abteilungsübergreifend und auf strategischer Ebene stattfinden. Richtig umgesetzt, ist Mobile Marketing ein effektiver Weg um Kunden zu erreichen, eine persönliche Bindung aufzubauen und schließlich den Abverkauf zu steigern.

2.1 Die Pionierzeit

Um die Jahrtausendwende herum herrschte eine wahre Goldgräberstimmung in der Mobile-Industrie. Handys wurden mit technischen Innovationen wie mobilem Internetzugang, SMS-Funktion, Java-Applikationen und Kameras ausgestattet und ermöglichten eine multimediale und noch direktere Kommunikation mit dem Nutzer. Die explosionsartige Verbreitung von diesen sogenannten Feature Phones war die Grundlage für neue Geschäftsmodelle und bot dem Marketing Zugriff auf

© Springer Fachmedien Wiesbaden GmbH 2017
D. Rieber, *Mobile Marketing*,
DOI 10.1007/978-3-658-14777-8_2

eine Vielzahl an neuen Möglichkeiten, mit dem Konsumenten in Verbindung zu treten und zu interagieren. In dieser Pionierzeit wurde der Begriff Mobile Marketing maßgeblich geprägt und auch wenn sich das Rad der mobilen Evolution weitergedreht hat – noch heute ist eine Vielzahl der bestehenden Definitionen in Fachbüchern von dieser Anfangszeit beeinflusst. Grund genug, eine kurze Reise durch die Zeit anzutreten.

In der digitalen Transformation sind es häufig technische Entwicklungen – ob Hardware oder Software – die die Grundlage für Innovationen bilden. So auch im mobilen Bereich: Mit der Einführung des WAPs (Wireless Application Protocol), des Mobilfunkstandards GPRS (General Pocket Radio Service) und erster internetfähiger Mobilfunkgeräte war es Unternehmen ab etwa 1999 erstmals möglich, Nutzern Inhalte und Dienstleistungen auch über mobile Websites zur Verfügung zu stellen (Diehl-López 2014). In dieser Zeit gründeten sich in Deutschland Spezialagenturen wie beispielsweise Cellular oder Sevenval und boten die Erstellung von speziellen mobilen Websites und Applikationen an. Diese Start-ups von damals sind heute etablierte Anbieter von Technologien und Dienstleistungen rund um die digitale Kommunikation. Bei aller Euphorie über die für die damalige Zeit innovativen Möglichkeiten, war diese Anfangszeit des mobilen Internets für den Nutzer jedoch vor allem durch lange Ladezeiten, kostenintensive Datentarife, kleine Bildschirme und schlechte Bedienmöglichkeiten geprägt und es konnten sich nur wenige erfolgreiche mobile Geschäftsmodelle etablieren. Heute, im Zeitalter von Smartphones und schnellen Netzen, gehören WAP-Websites eher zum Antiquariat und können aus Lehrbüchern ohne schlechtes Gewissen gestrichen werden.

Eine weitere technische Innovation der Feature Phones war der Versand von SMS (Short Messaging Service) und später auch MMS (Multimedia Messaging Service). Im Jahr 2000 wurden laut Angaben der Bundesnetzagentur in Deutschland bereits über 11,4 Mrd. SMS versandt (Wikipedia 2017a). Ob für Werbung, Kundenkommunikation oder bezahlte Dienstleistungen – mit der steigenden Nutzung der Messaging Services wuchs auch die Bedeutung für das Marketing und immer mehr Unternehmen integrierten diesen neuen Kanal in ihre Kundenkommunikation. In Deutschland erhielt SMS-Marketing erstmals mediale Beachtung, als das Berliner Start-up YOC zur Firmengründung 2001 einen Porsche in 50 m Höhe auf dem Potsdamer Platz aufhing und per SMS über das Schicksal des Autos abstimmen ließ (Scharmann 2001). 53 % der rund 78.000 Teilnehmer stimmten über ihr mobiles Endgerät für den Absturz und getreu des Firmenmottos „Your Opinion Counts" ließ YOC den Sportwagen in die Tiefe stürzen. Das mittlerweile an der Börse notierte Unternehmen ist auch heute noch im Bereich Mobile aktiv, jedoch mittlerweile mit einem Fokus auf Mobile Advertising. Doch

auch wenn sich das Unternehmen weiterentwickelt hat: Die zerbeulte Motor-
haube des Autos hängt immer noch an der Wand des Büros und erinnert an die
Zeit des Goldrausches.

Ein weiterer deutscher Pionier im Mobile Marketing ist das von den Samwer-
Brüdern im Jahr 2000 gegründete Unternehmen Jamba. Als Anbieter für Mobile
Content machte sich Jamba vor allem mit Java-Spielen und Klingeltönen einen
Namen. Laut Medienberichten erbrachte allein der Klingelton zur Werbefigur
Crazy Frog mehr als 15 Mio. EUR Umsatz (Wikipedia 2017b). Die Samwer-
Brüder gründeten später den Risikokapitalgeber Rocket Internet und investierten
unter anderem in Zalando und Home24.

2.2 Mobile Marketing – Eine (Neu-)Definition

Auch heute noch wird der Begriff „Mobile Marketing" vor allem mit Technologien aus der Anfangszeit – sprich mobilen Websites, SMS und QR-Codes – in
Verbindung gebracht. Doch im Zeitalter von Smartphones, Apps, Social Media,
Messengers und einer zunehmend vernetzten Welt ist dieses Verständnis längst
nicht mehr zeitgemäß und limitiert die vielseitige Disziplin auf einige wenige
Kommunikationsinstrumente. Genauso ist es nicht korrekt, Mobile als einen weiteren Kanal neben Display, Search, Video, Social und weiteren Marketingkanälen
zu positioniert. Da all diese Kanäle auch auf Mobile existieren, handelt es sich
bei Mobile eher um eine weitere Plattform als um einen weiteren Kanal.

Als Grundlage für eine aktuelle Definition bietet sich die sehr allgemein
gehaltene Beschreibung von Mobile Marketing auf Wikipedia an. Hier heißt es:
„Mobile Marketing ist die Umschreibung von Marketingmaßnahmen unter Ver-
wendung drahtloser Telekommunikation und Mobilgeräten mit dem Ziel, die
Konsumenten möglichst direkt zu erreichen und zu einem bestimmten Verhalten
zu führen" (Wikipedia 2017c).

Wie das vorangegangene Kapitel zur mobilen Mediennutzung aufgezeigt hat,
ist das Smartphone das persönlichste aller Endgeräte und begleitet seine Nutzer
über den gesamten Alltag hinweg. Es ist ihr Zugang zu einer zunehmend vernetzten Welt und zeichnet sich vor allem durch kurze und gezielte Nutzungen
aus. Das Ziel von Mobile Marketing sollte es demnach sein, der Marke dabei zu
helfen, eine direkte und persönliche Beziehung zu dem Nutzer aufzubauen, ihm
über Dienstleistungen und Produkte einen Mehrwert für seinen Alltag zu bieten
und ihn mit Botschaften anzusprechen, die für ihn und seinen aktuellen Kontext
relevant sind. Dies kann sowohl über klassische mobile Instrumente wie SMS,
Mobile Web oder QR-Codes geschehen, als auch über Mobile Apps, Social

Media, Messenger-Dienste, Videoplattformen oder Push-Benachrichtigungen – um nur ein paar Beispiele zu nennen.

Bei Mobile Marketing steht das Smartphone stets im Zentrum der Marketingaktivitäten. Es sollte jedoch nicht nur für sich alleine stehen, sondern vor allem im Zusammenspiel mit anderen Medien sowie einer zunehmend vernetzten Welt betrachtet werden. So kann es beispielsweise um weitere Endgeräte wie Smartwatches oder Smart-TVs erweitert werden. Darüber hinaus kann es auch mit seiner Umgebung interagieren, beispielsweise mit Connected Cars oder dem Smart Home. Über die aktive Interaktion hinaus findet aber auch eine passive Kommunikation mit der Umwelt statt: Umgebungssensoren wie beispielsweise Beacons senden Signale, die vom Smartphone interpretiert werden können. Dies ermöglicht beispielsweise eine personalisierte Ansprache im Geschäft oder eine Leitung des Kunden zu dem gesuchten Produkt.

Während sich klassisches Online-Marketing auf die Welt innerhalb des Bildschirms begrenzt, hat Mobile Marketing das Potenzial, die Brücke zwischen physischer und digitaler Welt zu schlagen. Mobile Marketing kann Marketer dabei unterstützen, ein umfassenderes Verständnis von Konsumenten und deren Verhalten in der physischen Welt zu erhalten und sie im entscheidenden Moment mit dem richtigen Angebot anzusprechen.

2.3   Formen und Ziele von Mobile Marketing

Mobile bietet Marketern eine Vielzahl an Möglichkeiten ihre Marke zu inszenieren, mit Kunden zu kommunizieren oder auch um direkt Produkte zu verkaufen. Im Rahmen dieses Buches wird eine Auswahl der relevantesten Marketinginstrumente vorgestellt. Die Übersicht in Abb. 2.1 zeigt die Instrumente nach

Mobile Web	Mobile App	Mobile Advertising	Proximity Marketing	Social Media & Content	Messaging & Chatbots
Mobile Website	Mobile App	Banner Ads	Location-Based Marketing	Social Media	SMS / MMS
Mobile Shop	Mobile Shop	Interstitial Ads	QR Codes	Mobile Content	Messenger
Mobile Search	Push-Benachrichtigung	Rich-Media Ads	Beacon		Chatbots
E-Mail		Video Ads	NFC		Personal Assistants
		Native Ads	Mobile Payment		

Abb. 2.1 Mobile Marketinginstrumente nach Kategorien

Kategorien. Eine detaillierte Beschreibung der einzelnen Disziplinen inklusive Erläuterung der Funktionsweise befindet sich in Kap. 3: Mobile Marketinginstrumente.

Für die Wahl der passenden Instrumente für die eigene Mobile-Marketingstrategie ist es hilfreich, zunächst eine Segmentierung vorzunehmen und die wichtigsten Unterschiede herauszustellen. Generell lassen sich Mobile Marketinginstrumente mithilfe von zwei Parametern differenzieren. Zunächst sollte danach unterschieden werden, ob eine Einwilligung (Opt-in) des Konsumenten für die jeweilige Marketingmaßnahme vorliegt. Des Weiteren sollte festgestellt werden, ob es sich bei der Marketingmaßnahme um die Reaktion auf eine Anfrage vom Konsumenten (Pull) handelt, oder das Unternehmen proaktiv kommuniziert (Push), siehe auch Abb. 2.2.

Mobile Direct-Response Marketing

Bei dem sogenannten Direct-Response Marketing reagiert das Unternehmen auf die direkte Anfrage eines spezifischen Nutzers. Dies kann beispielsweise der Scan eines QR-Codes, eine Anfrage über einen Messenger-Dienst oder die Nutzung eines SMS-Services sein. Da der Nutzer aktiv mit dem Unternehmen in Kontakt tritt, darf dieses den vom Nutzer gewählten Kommunikationsweg für seine Marketingmaßnahmen nutzen. Es ist jedoch zu beachten, dass es sich hierbei nicht

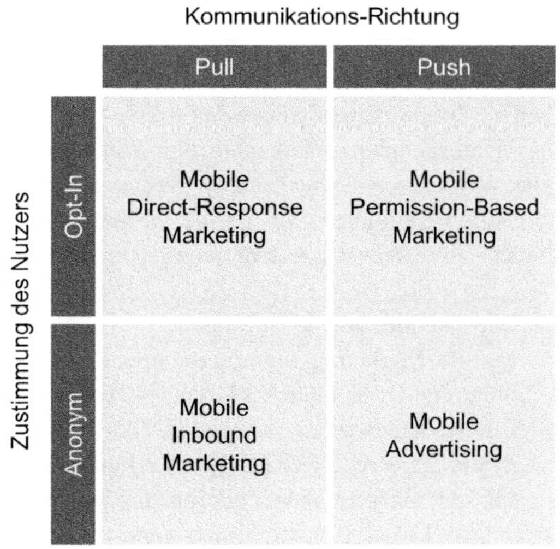

Abb. 2.2 Formen von Mobile Marketing

automatisch um eine generelle Einwilligung handelt, die auch auf spätere Marketingmaßnahmen übertragen werden kann.

Mobile Permission-Based Marketing

Für Maßnahmen des Permission-Based Marketings hingegen ist eine explizite Einwilligung durch den Nutzer erforderlich. Diese kann beispielsweise beim Abschluss eines Vertrags oder der Registrierung für eine Plattform eingeholt werden. Hierbei muss der Nutzer transparent über die Nutzung seiner Daten und die Form der Marketingmaßnahmen informiert werden. Beispiele für das Permission-Based Marketing können E-Mail-Kampagnen oder auch Push-Benachrichtigungen über eine App sein. Hierbei liegt die besondere Herausforderung für den Marketer darin, den Nutzer nicht durch eine zu hohe Frequenz oder irrelevanten Marketingmaßnahmen zu verärgern, da dieser zu jederzeit die Möglichkeit hat, sich abzumelden.

Mobile Inbound-Marketing

Unter dem Oberbegriff Inbound-Marketing werden alle Maßnahmen gebündelt, bei denen der Nutzer nach Inhalten, Dienstleistungen oder konkreten Firmen und Produkten sucht und so auf das Unternehmen aufmerksam wird. Als Beispiele hierfür kann die eigene Unternehmens-Website, die eigene Social-Media-Repräsentanz oder auch speziell kreierter Content wie Tutorial-Videos oder Whitepaper genommen werden. Bei Inbound-Marketing geht die Aktivität zwar vom Nutzer aus, jedoch tritt er in den meisten Fällen anonym mit dem Unternehmen in Kontakt.

Mobile Advertising

Unter Mobile Advertising werden alle Maßnahmen zusammengefasst, bei denen das Unternehmen unbekannte Konsumenten proaktiv anspricht. Hierzu zählen alle Werbeformen wie Display, Social Media oder Search Ads. Zwar wird laut geltenden Richtlinien für mobile Werbung keine direkte Einwilligung durch den Nutzer vorausgesetzt, jedoch muss stets eine Anonymität gewährleistet sein.

Datenschutz und Richtlinien

Mobile Marketing unterliegt generell den gleichen gesetzlichen Rahmenbedingungen wie Online-Marketing. Hierzu zählen sowohl die Richtlinien des Bundesdatenschutzgesetzes (BDS) als auch die geltenden Vorgaben des Telemediengesetzes (TMG). Darüber hinaus gelten für Mitgliedsunternehmen der Mobile Marketing Association die Selbstbestimmungsrichtlinien des Verbandes (MMA 2008), die einen verantwortungsbewussten Umgang mit Konsumentendaten sicherstellen. Als Besonderheiten von Mobile hinsichtlich des Datenschutzes sind vor allem die Mobile Advertising ID sowie die Nutzung der präzisen Geolocation zu berücksichtigen (Bauer 2017).

Mobile Marketing kann für eine Vielzahl an Zielstellungen eingesetzt werden. Wie in Abschn. 1.11 beschrieben, spielt das Smartphone in allen Phasen der Customer Journey eine Rolle: Konsumenten recherchieren über ihr mobiles Endgerät, kommunizieren mit Bekannten, sind über Werbung ansprechbar und führen zum Teil sogar den Kauf mobil durch. Aus diesem Grund können Mobile-Marketing-Maßnahmen generell auch auf Phasen innerhalb des Customer Journey Funnels (vgl. Abb. 1.3) einzahlen.

Dem Smartphone wird vor allem ein hohes Potenzial für die direkte Interaktion mit den Nutzern, dem sogenannten Engagement, zugesprochen. Installiert sich ein Nutzer beispielsweise die App eines Unternehmens, hat dieses die Chance, zum festen Bestandteil des mobilen Alltags seiner Zielgruppe zu werden.

Aufgrund der hohen Verbreitung von Smartphones in allen Gesellschaftsschichten können über Mobile Marketing heute generell alle Zielgruppen angesprochen werden. Die einzige Ausnahme stellen hier ältere Personen und Rentner dar, deren generelle Internetnutzung hinter der des Bevölkerungsdurchschnitts liegt. Eine besonders hohe Affinität weisen vor allem jüngere Zielgruppen auf (Koch und Frees 2016).

2.4   Integration in den Marketingmix

Um das volle Potenzial von Mobile für das eigene Unternehmen zu nutzen, sollte Mobile nicht nur punktuell, sondern ganzheitlich in den Marketingmix integriert werden. In der klassischen Betriebswirtschaftslehre wird der Marketingmix in vier Bereiche, die sogenannten 4-Ps des Marketings (McCarthy 1960), eingeteilt. Hierzu zählen die Kommunikationspolitik, die Produktpolitik, die Preispolitik sowie die Distributionspolitik (vgl. Abb. 2.3).

4-Ps	Mobile Marketing	Beispiel
Product	Integration von Mobile in das bestehende Produktportfolio	Entwicklung einer Service-App für Kunden
Pricing	Berücksichtigung des mobilen Produktes in der Preispolitik	Kostenlose Nutzung der Service-App für Premium-Kunden
Promotion	Integration von Mobile in die Kommunikationspolitik	Bewerbung des Produktes über mobile Werbeformate
Place	Distribution von Produkten	Download der Service-App über App Stores

Abb. 2.3 Mobile im Marketingmix

Mobile Marketing kann in allen diesen Bereichen stattfinden. So könnte ein Versicherungsunternehmen beispielsweise sein bestehendes Versicherungsprodukt um eine Service-App ergänzen (Product), die Kunden direkten Zugriff auf Informationen und Dienstleistungen bietet. Diese App könnte für Kunden als Teil eines Premium-Pakets (Pricing) über den App Store nutzbar sein (Place). Eine Bewerbung des neuen Produktes könnte theoretisch die App-affine Zielgruppe über mobile Werbeformate (Promotion) ansprechen.

Produktpolitik

Mobile ermöglicht die Entwicklung von neuen, innovativen Produkten, die Konsumenten einen Mehrwert im Alltag bieten und so die Grundlage für eine neue Form der Beziehung zwischen Unternehmen und Konsumenten darstellen. Hierbei kann generell zwischen ergänzenden und autarken Produkten unterschieden werden. Während ein ergänzendes Produkt das bestehende Kernprodukt um weitere Funktionalitäten und Inhalte erweitert, ist das autarke Produkt unabhängig von dem eigentlichen Kernprodukt eines Unternehmens. Als veranschaulichendes Beispiel kann hier die Mobile-Strategie bei klassischen Verlagshäusern genommen werden. So kann ein Verlagshaus zusätzlich zu dem klassischen Produkt, dem gedruckte Magazin, ein eigenes Angebot für Mobile schaffen. Eine Ergänzung könnte in diesem Beispiel eine multimediale Sammlung mit weiterführendem Material zu den Artikeln aus dem gedruckten Magazin sein. Ein autarkes Produkt hingegen könnte eine mobile Website oder eine interaktive App sein, die als Alternative zum Magazin genutzt werden kann.

Preispolitik

Die Erweiterung des Produktportfolios um spezifische mobile Lösungen muss auf strategischer Ebene durchdacht werden und hat auch direkte Auswirkungen auf die Preispolitik. So sind Mehrkosten für die Entwicklung und Pflege eines mobilen Produktes zu berücksichtigen. Bei der Monetarisierung muss die Zahlungsbereitschaft für Inhalte auf mobilen Endgeräten und mögliche Kannibalisierungseffekte mit dem klassischen Produkt bedacht werden. So sind beispielsweise Verlagshäuser mit der Herausforderung konfrontiert, dass sich die Mediennutzung zwar zugunsten von mobilen Endgeräten entwickelt, Kunden jedoch bei digitalen Inhalten nicht über dieselbe Zahlungsbereitschaft verfügen, wie bei gedruckten Produkten (Bitkom 2016). Stellen Verlagshäuser redaktionelle Inhalte kostenlos über Mobile zur Verfügung, riskieren sie rückläufige Abverkaufszahlen ihres klassischen Printproduktes. Ignorieren sie den Mobile Shift, laufen sie Gefahr, dass Konsumenten mobile Angebote des Wettbewerbs bevorzugen.

Kommunikationspolitik

Innerhalb der Kommunikationspolitik gilt es, Mobile als First Screen seiner Nutzer zu begreifen und das Medium in allen Kommunikationsdisziplinen zu integrieren. Hierzu zählen auch die klassischen Online-Marketing-Kanäle wie Website, Search, Social Media, Content, E-Mail, Affiliate und Advertising. So sollte beispielsweise bei der Content-Erstellung für Social Media berücksichtigt werden, das soziale Netzwerke heute zum Großteil über mobile Endgeräte genutzt werden (vgl. Abschn. 1.8). Die Darstellung von Onlineformaten wie beispielsweise detaillierter Infografiken oder komplexer Dokumente kann auf dem mobilen Endgerät für Nutzer eine Barriere sein. Darüber hinaus bieten spezielle mobile Social Networks wie beispielsweise Snapchat neue Formate an, die ausschließlich über das Smartphone nutzbar sind.

Distributionspolitik

Auch für die Distribution von bestehenden sowie von speziellen mobilen Produkten bietet Mobile eine Vielzahl neuer Wege. So können Produkte direkt über Mobile Shops vertrieben werden. Auch im Laden kann das Smartphone beispielsweise mithilfe von Mobile Payment den Verkaufsprozess optimieren. Ein weiteres Beispiel für neue Distributionskanäle sind App Stores. So können beispielsweise Verlagshäuser ihre Inhalte in Form von Apps ohne großen Aufwand und externe Vertriebsstrukturen international über App Stores vermarkten.

Unternehmen, die das volle Potenzial von Mobile für sich nutzen wollen, ist es geraten, Mobile Marketing als strategisches Thema zu begreifen und abteilungsübergreifend zu koordinieren. Die Integration von Mobile Marketing sollte in allen Bereichen des Marketings stattfinden. Hierbei sollte es das erklärte Ziel sein, die Unternehmensbereiche zu synchronisieren und Silos zu vermeiden.

2.5   Crossmediales Marketing

Auch wenn das Smartphone für seine Nutzer längst zum First Screen avanciert ist, sollte Mobile Marketing immer als Bestandteil eines ganzheitlichen, medienübergreifenden Marketings und niemals isoliert gesehen werden. Ob Online, TV, Print oder Plakat – in den seltensten Fällen findet das Marketing für ein Produkt oder Unternehmen ausschließlich auf dem Smartphone statt. Jedes Medium hat hierbei seine eigenen Stärken und erst ihr crossmediales Zusammenspiel entfaltet das wahre Potenzial.

Mobile und Online

Viele Nutzer sind heute Multi-Screen-Nutzer (vgl. Abschn. 1.4) und verfügen über mehrere digitale Endgeräte wie beispielsweise Desktop-PC, Laptop oder Tablet. Eine Marketingstrategie, in der Mobile im Zentrum steht, sollte daher nicht per se Online ausschließen. Im Gegenteil: Wer für seine Zielgruppe in jeder Lebenssituation erreichbar sein will, sollte alle verfügbaren Medien berücksichtigen und ein crossmediales sowie für das jeweilige Endgerät optimiertes Nutzungserlebnis schaffen. Aus diesem Grund ist es beispielsweise wichtig, die eigene Unternehmens-Website sowohl für Online als auch für Mobile zu optimieren.

Um mit Werbekampagnen eine möglichst hohe Reichweite zu erzielen und Zielgruppen in allen Lebenssituationen anzusprechen, sollten auch diese sowohl mobile als auch online geschaltet werden. Laut einer Cross-Device-Studie des BVDWs (BVDW 2013), erhöht sich die Werbewirkung sogar, wenn Nutzer eine Werbeanzeige sowohl auf dem Smartphone als auch auf dem stationären Computer erhalten. Für die Studie wurde eine Kampagne für die Marke Bahlsen auf $n = 59$ Mobile und Online Websites geschaltet und anschließend über eine Nutzerbefragung die Wirkung analysiert. Die Studie zeigte eine signifikant bessere Werbewirkung bei der crossmedialen Nutzergruppe, die Werbekontakt sowohl auf dem Smartphone als auch auf dem Computer erhalten hatte. Darüber hinaus konnte festgestellt werden, dass Mobile bei der Aktivierungsleistung bessere Ergebnisse erzielte als Online.

Cross Device Targeting

Die gezielte Ansprache von Nutzern über mehrere Endgeräte hinweg, wird als Cross Device Targeting bezeichnet. Um diese Form des Marketings zu ermöglichen, benötigen Anbieter die Information darüber, welche Nutzer sich hinter dem jeweils eingesetzten Endgerät verbergen. Hier sind Anbieter von Diensten mit Registrierung im klaren Vorteil: Soziale Netzwerke wie Facebook, E-Commerce-Plattformen wie Amazon oder Anbieter von E-Mail-Diensten wie Web. de können die Informationen aus Logins von unterschiedlichen Endgeräten nutzen und so eine Zuordnung vornehmen. Darüber hinaus gibt es eine Vielzahl an Anbietern, die Cross Device Targeting basierend auf statistischen Verfahren anbieten.

Mobile und TV

Auch wenn das Smartphone ein mobiles Endgerät ist, findet ein nicht zu unterschätzender Anteil der Nutzung in den eigenen vier Wänden statt. Als Prime-Time für Mobile haben sich neben den Morgenstunden zwischen sieben und neun

Uhr laut Marktforscher GfK vor allem die Abendstunden zwischen 20 und 22 Uhr herauskristallisiert (Renz 2015). In dieser Zeit sind Nutzer häufig auf dem Sofa und nutzen ihr Smartphone parallel zum Fernsehprogramm. Ein Zeitfenster, das für Unternehmen besonders relevant ist, da Nutzer theoretisch Zeit dafür haben, sich parallel zum Fernsehprogramm mit Angeboten zu beschäftigen.

Bei der Parallelnutzung von TV und Smartphone kann generell zwischen unabhängiger und sich-ergänzender, crossmedialer Nutzung unterschieden werden. Surft ein Nutzer im Internet, kommuniziert mit Freunden oder liest Updates in sozialen Netzwerken, steht die Nutzung in keiner Verbindung zu dem aktuellen Programm im Fernsehen. Nutzt ein Konsument das Smartphone jedoch, um Inhalte aus dem Fernsehen zu recherchieren, mit der jeweiligen Sendung oder Werbung zu interagieren oder sich auf sozialen Netzwerken über die Inhalte auszutauschen, erweitert das Smartphone den Fernseher und wird zu einem zweiten Bildschirm, dem sogenannten Second Screen.

Während des Super Bowls, dem Finale der American-Football-Meisterschaft, steigen die werbebezogenen Suchanfragen jedes Jahr um ein Vielfaches an. Laut Google finden dabei mittlerweile 82 % der Suchen auf dem Smartphone statt (Google 2016). Das Suchmaschinen-Unternehmen veröffentlicht jedes Jahr Statistiken dazu, welche Marken bei diesem Medienereignis durch ihren Werbespot die meisten Suchanfragen generieren konnten.

Den Second-Screen-Trend können sich sowohl Fernsehproduzenten als auch Werbetreibende zunutze machen. So bietet die App Shazam beispielsweise die Möglichkeit, die aktuell gezeigte Werbung über einen Audio-Abgleich zu erkennen und dem Nutzer weiterführende Informationen und Dienste anzubieten (Shazam 2017). Andere Anbieter sind darauf spezialisiert, mobile Werbeflächen genau in dem Moment automatisiert zu schalten, indem der Werbeclip im Fernsehen zu sehen ist (wywy 2017). Apps wie ProSieben Connect (ProSieben 2017) bieten Zuschauern ein interaktives Second-Screen-Umfeld, das auch von werbetreibenden Unternehmen genutzt werden kann.

Mobile und Print

Auch bei dem Konsum von Printprodukten wie Zeitungen, Zeitschriften oder Büchern ist das Smartphone stets in greifbarer Nähe und dient Nutzern beispielsweise dazu, Inhalte aus Artikeln zu recherchieren oder Produkte aus Werbeanzeigen zu bestellen. Um es Lesern möglichst einfach zu machen, auf Informationen und Dienste zuzugreifen, sollte in Anzeigen stets auf die Website des Unternehmens hingewiesen werden. Wer eine eigene App besitzt, kann über die Einbindung des Logos der jeweiligen App Stores beim Leser einen Impuls für den Download setzen.

Eine Vielzahl an kreativen Möglichkeiten für die crossmediale Verknüpfung von Mobile und Print bieten sogenannte Augmented-Reality-Funktionen (Kurzform: AR). Bei AR handelt es sich um die Erweiterung der physischen Realität mit digitalen Informationen. So können spezielle Apps genutzt werden, um die zweidimensionalen Printanzeigen um dreidimensionale Grafiken und Animationen zu erweitern. Hierfür wird die Kamera des Smartphones genutzt und das aufgenommene Bild um virtuelle Grafiken erweitert. So bietet das Möbelhaus IKEA beispielsweise eine App, mit dem Nutzer Möbel aus dem Katalog mithilfe von AR in ihrer Wohnung platzieren können (Burgard-Arp 2014).

Mobile und Plakat
Auch Plakatwerbung kann ähnlich wie Printwerbung durch das Smartphone erweitert werden. Der Aufruf einer Website, die Installation einer App oder die Nutzung von AR-Funktionen bieten Marketern viele Möglichkeiten, mit Nutzern zu interagieren. Besonders effektiv sind hierbei Poster-Standorte, an denen Konsumenten in Wartesituationen sind und Zeit dazu haben, ihr Smartphone zu nutzen. Beispiele hierfür können Bahnhöfe, Bushaltestellen oder Parks sein.

In Kombination mit ortsbezogener mobiler Werbung, sogenannter Location-Based Advertising, bieten sich Marketern weitere Möglichkeiten, Mobile und Poster zu verbinden. So können beispielsweise mobile Werbekampagnen über den Aufenthaltsort der Nutzer nur an den Orten ausgeliefert werden, an denen sich Poster mit Werbung der jeweiligen Marke befinden. Dies erhöht die Chance, dass Konsumenten Werbung sowohl auf dem Plakat als auch auf dem Smartphone erhalten und so einen stärkeren Werbeeffekt haben (Wall 2017).

Die hier aufgeführten Beispiele verdeutlichen das Potenzial von Mobile für crossmediales Marketing. Das Smartphone sollte im Mediamix als persönlichstes aller Endgeräte und verbindendes Glied eine zentrale Rolle spielen.

2.6   Mobile in der digitalen Transformation

Für die Entwicklung einer ganzheitlichen Strategie ist es für Unternehmen wichtig, Mobile nicht nur in klassischen Marketingdisziplinen, sondern vor allem auch bei der übergreifenden Unternehmensstrategie zu berücksichtigen. So nimmt Mobile innerhalb der digitalen Transformation als disruptive Technologie eine zentrale Rolle ein.

Als digitale Transformation wird der fortlaufende Veränderungsprozess bezeichnet, mit der die Gesellschaft und insbesondere auch Unternehmen aufgrund neuer digitaler Technologien konfrontiert sind. Besonders die immer kürzer werdenden Innovationszyklen stellen Unternehmen hierbei vor die Herausforderung, ihre Geschäftsmodelle immer wieder aufs Neue zu evaluieren und relevante Entwicklungen frühzeitig zu erkennen und für sich zu nutzen. Eine besondere Rolle spielen hier sogenannte disruptive Entwicklungen, die bestehende Technologien oder Geschäftsmodelle zum Teil vollständig ersetzen können. Für Unternehmen bedeuten diese zugleich Chance als auch Risiko.

Als Beispiel für disruptive Entwicklungen kann das Online-Shopping gesehen werden. Die technologische Innovation des World Wide Webs ermöglichte es Unternehmen um die Jahrtausendwende herum erstmals, ohne Ladenfläche und die hierfür benötigte Logistik ihre Produkte zu verkaufen. Diese Onlineshops haben den Handel über die vergangenen Jahre grundlegend verändert. So sind für einige Geschäftsbereiche Ladenlokale heute nicht mehr lukrativ, da die Konkurrenz aus dem Internet über entscheidende Vorteile verfügt: Kunden können bequem von zu Hause aus bestellen und haben über Plattformen wie Amazon Zugriff auf eine Vielzahl an Produkten, ohne dabei durch die limitierte Fläche des Ladenlokals in der Auswahl begrenzt zu sein.

Für Marktexperten handelt es sich gerade bei Mobile um eine disruptive Entwicklung, die zur nachhaltigen Transformation von Strukturen beiträgt und bestehende Technologien, Produkte oder Dienstleistungen möglicherweise vollständig verdrängt (McKinsey 2013). Gerade die stetigen technischen Innovationen der Smartphones sorgen dabei immer wieder für neue Disruptionen. So hat die Einführung des App-Ökosystems beispielsweise eine Vielzahl an Start-ups entstehen lassen, die Geschäftsmodelle von etablierten Unternehmen infrage stellen.

Für diese Entwicklung gibt es eine lange Liste beeindruckender Beispiele. So hat beispielsweise das Unternehmen Uber die Taxibranche in Ländern wie den USA nachhaltig verändert. Kunden können über die App private Fahrer buchen und so die Taxizentralen umgehen. 2016 betrug der Umsatz des mittlerweile global agierenden Unternehmens 6,5 Mrd. US$ (Postinett 2017). Im asiatischen Raum gilt die Messenger-App WeChat (vgl. Abschn. 1.8) als besonders disruptiv. So wird die App längst nicht mehr nur noch für die Kommunikation, sondern auch für den Kauf von Produkten und die Transaktion von Geld genutzt. 2016 wurden insgesamt 1,2 Billionen US$ über die App versendet (Noto 2017). Auch viele deutsche Unternehmen haben die disruptive Kraft von Mobile für sich erkannt. So hat DriveNow, das gemeinsame Carsharing-Unternehmen von BMW und Sixt, die Mobilität in deutschen Großstädten nachhaltig verändert. Kunden können über die App Autos des Anbieters orten, diese öffnen und für eine Fahrt innerhalb des Geschäftsgebietes nutzen. Im Februar 2017 verkündete das Unternehmen, dass die internationale Flotte bereits 5000 Fahrzeuge umfasst und 815.000 Kunden verzeichnet (DriveNow 2017).

Diese Beispiele zeigen die disruptive Kraft von Mobile, die auch als Mobile Disruption bezeichnet wird. Rocket-Internet-Gründer Oliver Samwer beschrieb das Phänomen auf einer Konferenz treffend (Gründerszene 2015): „Das Smartphone setzt das Rennen um die besten Plätze im Internet auf Anfang. Alles geht wieder von vorne los."

2.7   Anforderungen an die Unternehmensstruktur

Von vielen Unternehmen wird Mobile Marketing häufig fälschlicherweise als weiterer Kommunikationskanal begriffen und findet somit in der Unternehmensstruktur ausschließlich als Unterthema von Online-Marketing statt. Dies kann ein fataler Fehler sein, da Mobile wie in Abschn. 2.2 beschrieben als weiteres Medium neben TV, Radio, Print und Online selbst zur Plattform wird und Kommunikationskanälen wie Search, Video oder Social Media eine neue Umgebung bietet. Dazu kommt die disruptive Kraft von Mobile (vgl. Abschn. 2.6), die es notwendig macht, Mobile nicht nur punktuell in ausgewählten Bereichen umzusetzen, sondern ganzheitlich zu denken und abteilungsübergreifend zu koordinieren. Hierfür ist es notwendig, Mobile auf unternehmensstrategischer Ebene zu integrieren und die notwendigen Ressourcen für den mobilen Wandel zu schaffen.

Für diesen Prozess ist es empfehlenswert, eine Position speziell für Mobile zu schaffen, welche abteilungsübergreifend arbeitet und über die notwendigen Entscheidungsbefugnisse verfügt beziehungsweise direkt an die Geschäftsführung berichtet. Eine solche Rolle wird häufig als Mobile Change Manager, Mobile Ambassador, Mobile Evangelist oder Mobile Innovation Manager bezeichnet. Mark Wächter geht in seinem Buch „Mobile Strategy" sogar einen Schritt weiter und empfiehlt Unternehmen die Berufung eines Chief Mobile Officers, der als Teil der Geschäftsführung für den mobilen Wandel verantwortlich ist (Wächter 2015). Als Alternative zur strategischen Mobile-Personalie sollte zumindest sichergestellt werden, dass die für Innovationen und digitalen Wandel zuständige Person beziehungsweise das beauftragte Beratungsunternehmen über die notwendigen Kompetenzen im Bereich Mobile verfügt und dem Medium entsprechend seiner Nutzung eine zentrale Rolle im Rahmen der digitalen Transformation einräumt.

Mobile Marketing in der Lehre

In der klassischen Lehre finden innovative Themen wie Mobile Marketing nur langsam Einzug und können die schnelle Entwicklung nur bedingt abbilden. Als erste Hochschule bietet die Leipzig School of Media seit 2013 ein dediziertes

Master-Programm für Mobile Marketing an. Für Berufstätige bieten private Hochschulen mehrtägige Fortbildungsseminare, in denen komprimiertes Wissen vermittelt wird. Als Beispiele können hier die Quadriga Hochschule, die Akademie der Deutschen Medien sowie die Haufe Akademie genannt werden. Darüber hinaus bieten Onlinekurse wie beispielsweise das von Google entwickelte Squared Online einen Schwerpunkt auf Mobile Marketing.

Doch Mobile erfordert nicht nur eine Berücksichtigung in der Unternehmensstrategie und bei den Personalien, sondern auch in der allgemeinen Unternehmenskultur. Wer als innovatives Unternehmen mit den schnellen Entwicklungszyklen mithalten will, muss eine Kultur des Ausprobierens etablieren. Mitarbeiter müssen motiviert sein, sich mit neuen Technologien auseinanderzusetzen und zu experimentieren, ohne dabei Angst vor Rückschlägen zu haben. Oder um es mit den viel zitierten Worten von Facebook-CEO Mark Zuckerberg zu sagen: „Move fast and break things" (Lafferty 2013). Gerade in Deutschland herrscht in Unternehmen eher eine innovationsfeindliche Kultur der Vorsicht und Angst. Neue Möglichkeiten werden häufig erst dann genutzt, wenn sie sich am Markt etabliert haben. Für kleinere Unternehmen mag diese kostensparame Methode in manchen Branchen erfolgversprechend sein, doch gerade führende Marken ist die richtige Innovationskultur der Schlüssel für den Erfolg.

Um Innovationen aus dem Markt und Ideen aus dem eigenen Unternehmen besonders zu fördern, gründen einige Unternehmen eigene Gesellschaften zur Förderungen für Start-ups. Diese sogenannten Inkubatoren unterstützen Unternehmensgründer in der frühen Phase mit Fördermitteln, Bürofläche und Beratung. Bei Erfolg des Start-ups besitzen die Unternehmen meist Mehrheitsanteile oder ein Vorkaufsrecht. Als Beispiel hierfür kann die Deutsche Bahn gesehen werden, die 2016 die Deutsche Bahn Digital Venture GmbH gründete und in den ersten beiden Jahren eine Milliarde Euro in Digitalisierungsprojekte eingeplant hatte (Manager Magazin 2016). Zu den geförderten Start-ups zählt unter anderem die App Qixxit, die für eine geplante Reise von Tür zu Tür mehrere Reisemöglichkeiten mit unterschiedlichen Verkehrsmitteln vorschlägt.

2.8   Chancen und Herausforderungen

Mobile Marketing gibt Unternehmen die Chance, näher am Konsumenten zu sein, als es über traditionelle Medien bisher möglich war. Doch der Vielzahl an Vorteilen und neuen Möglichkeiten stehen einige Einschränkungen und Herausforderungen gegenüber. Diese gilt es im Rahmen einer ganzheitlichen Strategie zu analysieren und Lösungsansätze zu erarbeiten. Erst dies verschafft Marketingstrategien einen nachhaltigen Erfolg.

Abb. 2.4 zeigt eine Übersicht ausgewählter Besonderheiten von Mobile, die aus Kap. 1 abgeleitet werden können. Jeder dieser sogenannten Mobile USPs (Kurzform für Unique Selling Propositions) bietet Unternehmen neue Chancen fürs Marketing, bringt aber zugleich auch neue Herausforderungen mit sich.

Da ein Smartphone genau einer Person zugeordnet werden kann, gilt Mobile als persönlichstes aller Endgeräte (vgl. Abschn. 1.5). Dieser Mobile USP ermöglicht es Unternehmen, direkt am Konsumenten zu sein und so zum festen Bestandteil seines mobilen Alltags zu werden. Auf der anderen Seite bringt diese Besonderheit von Mobile jedoch auch einige Herausforderungen mit sich. So erwarten viele Nutzer aufgrund der hohen Standards an Nutzerfreundlichkeit und Personalisierung von Endgeräten, Betriebssystemen und Apps eine auf

Mobile USP	Chance	Herausforderung
Persönlichstes Endgerät	Ermöglicht personalisierte Ansprache	Erfordert besonders hohes Maß an Sensibilität
First-Screen	Markeninszenierung auf dem wichtigsten digitalen Endgerät	Synchronisierung mit weiteren Endgeräten vor allem dem stationären Computer
Always-On	Nutzer sind theoretisch über den gesamten Tag hinweg erreichbar	Nutzer wollen nicht in jeder Lebenssituation von Unternehmen angesprochen werden
Mobile Moments	Im entscheidenden Kontext kann Marketing einen besonderen Mehrwert bieten	Bedarf eines tiefgehenden Verständnisses über den Nutzer, seinen Kontext und seine Intention
Mobile Daten	Personalisierte Ansprache und granulares Targeting möglich	Erhöhtes Datenschutz-Bewusstsein bei Nutzern
Werbemittel-Exklusivität	Werbung wird eher wahrgenommen und konkurriert nicht untereinander	Großformatige Werbung wird schnell als intrusiv wahrgenommen
Touchscreen	Hohes Maß an Interaktion möglich	Hohe Anforderungen an Nutzerfreundlichkeit
Multi-Media	Hochauflösende Grafiken und Videos ermöglichen emotionalisierendes Marketing	Kosten und Qualität von mobiler Internetnutzung abhängig von Tarif und Empfang

Abb. 2.4 Chancen und Risiken von Mobile Marketing

sie und ihren aktuellen Kontext zugeschnittene Ansprache. Um dies zu erfüllen, müssen Unternehmen jedoch über Daten zu den Nutzern und ihren aktuellen Mobile Moments verfügen. Eine Anforderung, der das gesteigerte Datenschutzbewusstsein von Smartphone-Nutzern entgegensteht. Als Beispiel hierfür kann die Nutzung der Location, also des Aufenthaltsortes eines Nutzers, gesehen werden. Stellt ein Nutzer beispielsweise einer App seine Location zur Verfügung, so kann diese Inhalte, Funktionen und Werbung auf den aktuellen lokalen Kontext optimieren. Hält er diese Information jedoch aufgrund von Datenschutzbedenken zurück, fällt es dem Anbieter schwer, das Angebot für den Nutzer zu optimieren.

Auch wenn Mobile Marketing keine grundlegend neue Disziplin ist, erfindet sie sich aufgrund der hohen Innovationszyklen immer wieder aufs Neue. Die Abwägung von Chancen und Risiken einzelner Marketingmaßnahmen für das Unternehmen muss immer wieder unter Berücksichtigung der veränderten Parameter neu durchgeführt werden.

2.9   Status quo in Deutschland

Mobile Marketing ist heute etabliert und gehört für Marketer in vielen Bereichen zur Selbstverständlichkeit. So steht es für Unternehmen beispielsweise nicht mehr zur Diskussion, ob eine mobile Website notwendig ist: In Deutschland sind bereits 98 % der Top-100-Domains für die Nutzung über Smartphones angepasst (Searchmetrics 2016). Auch beim Suchmaschinen-Marketing ist Mobile ein fester Bestandteil des alltäglichen Jobs. Google hat bereits 2015 den Algorithmus so angepasst, dass Websites ohne mobile Optimierung mit einem schlechteren Ranking abgestraft werden (Google 2016). Selbst für E-Commerce-Anbieter, die Smartphones lange die Fähigkeit zur Conversion abgesprochen hatten, ist Mobile heute ein wichtiger Absatzkanal (vgl. Abschn. 1.11). Konsumenten sind vor allem mobil unterwegs und wer diesen Trend ignoriert, sieht die Folgen heute schon in den Nutzungs- und Abverkaufszahlen.

Diese Entwicklung spiegelt sich auch in den Werbeausgaben wider. So prognostiziert eMarketer für 2017 in Deutschland Spendings für Mobile in Höhe von 3,16 Mrd. EUR (siehe Abb. 2.5). Dies ist ein enormer Anstieg im Vergleich zu den Vorjahren und macht bereits mehr als die Hälfte (57,2 %) der gesamten digitalen Werbeausgaben aus.

Auch wenn eMarketer die Methode hinter seinen Prognosen nicht transparent macht, ist davon auszugehen, dass vor allem Google und Facebook einen großen Anteil hierbei ausmachen. Denn trotz dieser vermeintlich positiven Zahlen beklagen viele Marktteilnehmer die Zurückhaltung der Werbetreibenden bei

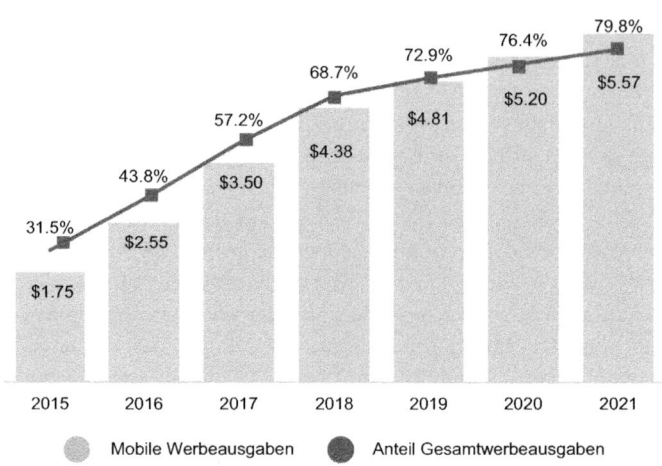

Abb. 2.5 Mobile Werbeausgaben in Deutschland. (eMarketer 2017, in Mrd. US-Dollar)

der Verteilung der Budgets. Die Mobile Marketing Association beispielsweise empfiehlt Marken, einen Anteil von 12–20 % ihrer gesamten Werbeausgaben für Mobile zu allokieren, um so die optimale Effektivität zu erzielen (Stuart 2016). Aktuell liegt der Anteil bei dem Großteil der Werbetreibende jedoch noch weit unter dieser Zielvorgabe (Warc 2016).

Viele deutsche Marken haben Mobile heute als zentralen Bestandteil ihrer Marketingstrategie ausgemacht. Besonders gut aufgestellt sind in Deutschland laut Mobile-Agentur Ansible vor allem Amorelie, Otto und die ING Diba (siehe Abb. 2.6). Ansible veröffentlicht einen eigenen Index für die Performance von Marken im Mobile Marketing (mdex 2017), in den unter anderem die Umsetzung der mobilen Website und App, das Suchmaschinen-Ranking sowie qualitative Analysen und Nutzerbefragungen einfließen.

Doch auch wenn Mobile in vielen Bereichen für Unternehmen bereits eine wichtige Rolle spielt, haben nicht alle eine umfassende Mobile-Marketingstrategie. So fand die MMA in einer Studie mit dem WARC-Institut heraus, dass 57 % der großen Marken in EMEA noch keine Mobile-Strategie haben (Warc 2016). Bei kleinen und mittelständischen Unternehmen sind es laut KMU-Studie sogar 84 % (Haufe 2016). Gerade bei Innovationsthemen scheinen deutsche Unternehmen zurückhaltend zu sein. Dies kann im Hinblick auf die rasante Veränderung der Mediennutzung und der disruptiven Natur von Mobile bereits auf kurze Sicht zu einem Problem für Unternehmen werden. Auf der anderen Seite bietet

Abb. 2.6 Top 10 der Mobile Brands. (Mdex 2017)

Rank	Marke
1	Amorelie
2	Otto
3	ING Diba
4	Bayer
5	Evonik
6	Edeka
7	Foodora
8	BMW
9	Audi
10	Zalando

die Entwicklung eine Chance für innovative Unternehmen und Start-ups, sich zu positionieren und Marktanteile zu gewinnen.

Literatur

Bauer, Christoph. 2017. Hyperlocal Anwendungen aus Sicht des Datenschutzes (30.03.2017). https://mobileadsummit.de/uploads/pdf/MobileadSummit.pdf. Zugegriffen: 13. Mai 2017.

Bitkom. 2016. Zahlungsbereitschaft für Online-Journalismus steigt (22.06.2016). https://www.bitkom.org/Presse/Presseinformation/Zahlungsbereitschaft-fuer-Online-Journalismus-steigt.html. Zugegriffen: 22. Mai 2017.

Burgard-Arp, Nora. 2014. 8 Beispiele, wie Printmedien Brücken in die digitale Welt schlagen (29.07.2014). http://meedia.de/2014/07/29/8-beispiele-wie-printmedien-bruecken-in-die-digitale-welt-schlagen/. Zugegriffen: 24. Apr. 2017.

BVDW. 2013. Kombinierte Online- und Mobile-Werbung steigert die Werbewirkung signifikant (13.03.2013). http://www.bvdw.org/medien/bvdw-kombinierte-online–und-mobile-werbung-steigert-die-werbewirkung-signifikant?media=4607. Zugegriffen: 21. Apr. 2017.

Diehl-López, Jennifer. 2014. Von WAP bis LTE: Die Geschichte des mobilen Internets (14.04.2014). http://t3n.de/news/geschichte-mobiles-internets-537616/. Zugegriffen: 23. Aug. 2016.

DriveNow. 2017. Jahresbilanz 2016: DriveNow weiter auf Erfolgskurs (19.01.2017). https://content.drive-now.com/sites/default/files/2017-03/2017.01.19_DriveNow_Jahresbilanz_2016_0.pdf. Zugegriffen: 3. Juni 2017.

eMarketer. 2017. Mobile to claim largest share of digital ad investment in Germany, (16.03.2017). https://www.emarketer.com/Article/Mobile-Claim-Largest-Share-of-Digital-Ad-Investment-Germany/1015412.

Google. 2015. Rolling out mobile-friendly update (21.04.2015). https://webmasters.googleblog.com/2015/04/rolling-out-mobile-friendly-update.html. Zugegriffen: 3. Sept. 2016.

Google. 2016. How the big game played out on the second screen (Februar 2016). https://www.thinkwithgoogle.com/infographics/how-big-game-played-out-SecondScreen.html. Zugegriffen: 21. Mai 2017.

Gründerszene. 2015. Oliver Samwer – und der Rest der Welt (23.01.2015). https://www.gruenderszene.de/allgemein/samwer-horizont-videos. Zugegriffen: 22. Mai 2017.

Haufe. 2016. Mobile Marketing steckt noch in den Kinderschuhen (16.03.2016). https://www.haufe.de/marketing-vertrieb/dialogmarketing/kmu-mobile-marketing-steckt-noch-in-den-kinderschuhen_126_343298.html. Zugegriffen: 15. Mai 2017.

Koch, Wolfgang, und Frees, Beate. 2016. Ergebnisse der ARD/ZDF-Onlinestudie 2016 (12.10.2016). http://www.ard-zdf-onlinestudie.de/fileadmin/Onlinestudie_2016/0916_Koch_Frees.pdf. Zugegriffen: 22. Mai 2017.

Lafferty, Justin. 2013. Mark Zuckerberg reflects on IPO, culture of Facebook at TechCrunch Disrupt (11.09.2013). http://www.adweek.com/digital/mark-zuckerberg-reflects-on-ipo-culture-of-facebook-at-techcrunch-disrupt/. Zugegriffen: 3. Juni 2017.

Manager Magazin. 2016. Bahn gründet "Inkubator" (08.11.2016). http://www.manager-magazin.de/unternehmen/industrie/bahn-gruendet-inkubator-a-1120269.html. Zugegriffen: 3.Juni 2017.

McCarthy, Edmund Jerome. 1960. *Basic marketing.* Boston: Richard D. Irwin

McKinsey. 2013. Disruptive technologies: Advances that will transform life, business, and the global economy (Mai 2013). http://www.mckinsey.com/business-functions/digital-mckinsey/our-insights/disruptive-technologies. Zugegriffen: 12. Mai 2017.

Mdex. 2017. Mobile index (2017). https://www.themdex.com/mdex/. Zugegriffen: 14. Mai 2017.

MMA. 2008. Code of conduct for mobile marketing (15.07.2008). http://www.mmaglobal.com/policies/code-of-conduct. Zugegriffen: 13. Mai 2017.

Noto, Grace. 2017. AliPay, WeChat Processed $3 Trillion in 2016 (19.04.2017). http://bankinnovation.net/2017/04/alipay-wechat-processed-3-trillion-in-2016/. Zugegriffen: 3. Juni 2017.

Postinett, Axel. 2017. Uber verliert 2,8 Milliarden Dollar (15.04.2017). http://www.handelsblatt.com/unternehmen/handel-konsumgueter/jahresergebnis-2016-uber-verliert-2-8-milliarden-dollar/19673910.html. Zugegriffen: 3. Juni 2017.

ProSieben. 2017. ProSieben connect apps. https://www.sevenonemedia.de/prosieben-connect. Zugegriffen: 21. Mai 2017.

Renz, Florian. 2015. Mobile ist das neue Web! (21.05.2017). https://2015.mobileadsummit.de/uploads/pdf/MobileAdvertisingSummit_Praesentation_Florian_Renz_21042015.pdf. Zugegriffen: 21. Apr. 2017.

Scharmann, Eva-Maria. 2001. Porsche-Crash zum Firmenstart (10.05.2001). http://www.welt.de/print-welt/article450214/Porsche-Crash-zum-Firmenstart.html. Zugegriffen: 23. Aug. 2016.

Searchmetrics. 2016. Ein Jahr Google Mobile Update: Was ist seit Mobilegeddon passiert? (04.05.2016). http://blog.searchmetrics.com/de/2016/05/04/happy-birthday-mobilegeddon/. Zugegriffen: 14. Mai 2017.

Shazam. 2017. Shazam for brands. https://www.shazam.com/de/brands. Zugegriffen: 21. Mai 2017.

Stuart, Greg. 2016. Why does mobile really matter? (14.10.2016). https://www.slideshare. net/mmalatam/01-greg-smox. Zugegriffen: 20. Apr. 2017.

Wächter, Mark. 2015. *Mobile strategy: Marken- und Unternehmensführung im Angesicht des Mobile Tsunami* (08.12.2015). Hattingen: Springer Gabler.

Wall. 2017. OOH und Mobile in perfekter Kombination (2017). http://www.wall.de/de/outdoor_advertising/angebote_und_medien/double_impact. Zugegriffen: 3. Juni 2017.

WARC. 2016. EMEA mobile budgets are on the up (09.08.2016). https://www.warc.com/ NewsAndOpinion/News/37205. Zugegriffen: 14. Mai 2017.

Wikipedia. 2017a. Short Message Service (2017). https://de.wikipedia.org/wiki/Short_ Message_Service. Zugegriffen: 18. Juni 2017.

Wikipedia. 2017b. Jesta digital (2017). https://de.wikipedia.org/wiki/Jesta_Digital. Zugegriffen: 18. Juni 2017.

Wikipedia. 2017c. Mobile marketing (2017). https://de.wikipedia.org/wiki/Mobile_Marketing. Zugegriffen: 18. Juni 2017.

Wywy. 2017. Maximizing TV advertising ROI. http://wywy.com. Zugegriffen: 21. Mai 2017.

Mobile Marketinginstrumente

3

Zusammenfassung

Für seine Nutzer bietet das Smartphone vielseitige Einsatzmöglichkeiten und einen stetig wachsenden Funktionsumfang. Wer seine Zielgruppe dort ansprechen möchte, wo sie sich aufhält, muss sich einen umfassenden Überblick über alle zur Verfügung stehenden Kanäle verschaffen und die jeweiligen Einsatzmöglichkeiten fürs Marketing evaluieren. Dies ermöglicht es Marketern, das Potenzial einzelner Instrumente fürs eigene Geschäftsmodell abzuschätzen und so einen maßgeschneiderten Marketingmix zu erstellen. Der Prozess beginnt bei der mobilen Optimierung der eigenen Website, führt über die Prüfung von Konzepten für eigene Apps und geht bis hin zur Evaluierung innovativer Technologien wie NFC, Beacon, Chatbots oder Skills für Personal Assistants. Der folgende Abschnitt behandelt die in Abschn. 2.3 ausgewählten Instrumente.

3.1 Mobile Web

Auch wenn auf dem Smartphone die Nutzung von Apps dominiert (vgl. Abschn. 1.7) und Nutzer zunehmend über Social Media mit Unternehmen in Kontakt treten (vgl. Abschn. 1.8), findet insbesondere bei der Recherche über Suchmaschinen nach wie vor ein großer Teil der mobilen Nutzung über den Browser statt. Da der Wettbewerb im Internet auch auf dem Smartphone meist nur einen Klick entfernt ist, sollte die Bereitstellung einer mobil-optimierten Website, die Optimierung des Onlineshops sowie die Sicherstellung der Auffindbarkeit über Suchmaschinen der Grundstein der Mobile-Strategie eines jeden Unternehmens sein.

© Springer Fachmedien Wiesbaden GmbH 2017
D. Rieber, *Mobile Marketing,*
DOI 10.1007/978-3-658-14777-8_3

3.1.1 Mobile Website

Der Aufruf einer Website auf dem Smartphone, die nicht mobil-optimiert ist, kann bei Nutzern zur Unzufriedenheit und sogar zu Reaktanzeffekten führen. Dies zeigt auch eine Nutzerbefragung von Google, bei der 48 % der Befragten angaben, bei der Nutzung von nicht mobil-optimierten Websites frustriert und genervt zu sein (Google 2012).

Die gute Nachricht: Zehn Jahre nach dem ersten Smartphone muss die Diskussion um die Notwendigkeit einer mobilen Website nicht mehr geführt werden. Marketer kennen Studienergebnisse und – noch viel wichtiger – haben selbst bei ihrer täglichen Nutzung die Erfahrung gemacht, wie wichtig das mobile Nutzungserlebnis ist. Laut Google sind mittlerweile 85 % aller Websites für Mobile optimiert (Google 2016) und eine Analyse der Top-100-Domains in Deutschland zeigt, dass hier sogar 98 % gute Bewertungen für Mobile bekommen haben (Searchmetrics 2016). Zum Vergleich hierzu: Im Vorjahr waren es lediglich 76 %.

Die technologische Infrastruktur, auf der das World Wide Web basiert, ist für Mobile generell vergleichbar mit der von Online. Hierzu zählt sowohl die Server- und Client-Kommunikation wie auch der Einsatz von HTML, CSS und Javascript (Wikipedia 2017a). Während in der Anfangszeit von Mobile Internetseiten über die WAP-Technologie realisiert wurden, kann heute aufgrund der Smartphone-Verbreitung grundlegend auf diese reduzierte Variante von HTML verzichtet werden (vgl. Abschn. 2.1).

Flash und HTML5

Für die Darstellung von multimedialen und interaktiven Inhalten hat sich Flash in der Onlinewelt über Jahre zum Standard entwickelt. Zur Darstellung von Flash-Objekten, beispielsweise für Videos oder Spiele, benötigen Browser ein spezielles Plug-in der Firma Adobe. Aus Sicherheits- und Performance-Gründen (Jobs 2010) ist Flash im Safari-Browser unter iOS nicht vorinstalliert. Dies führte dazu, dass mobil-optimierte Websites auf Flash verzichten müssen. Hier hat sich HTML5 als neuer Standard etabliert. Die offene Sprache ermöglicht die Einbindung von multimedialen Inhalten und die Entwicklung interaktiver Anwendungen und verzichtet dabei komplett auf externe Plug-ins.

Bei der Realisierung einer modernen mobilen Website wird grundsätzlich zwischen zwei technischen Ansätzen unterschieden: Adaptive Website und Responsive Website.

Adaptive Website

Bei der adaptiven Website handelt es sich um eine eigenständige Website, die häufig über eine Subdomain wie beispielsweise m.website.de aufgerufen werden kann. Bei einer dynamischen Ausspielung entscheidet der Server der Website in Abhängigkeit des genutzten Browsers und Endgerätes automatisch, ob ein Nutzer die mobile oder die klassische Website erhält. Um dem Nutzer die Möglichkeit zu bieten, bei einer automatischen Ausspielung der mobilen Website auf die klassische Website zu wechseln, gilt es als empfehlenswert, einen Link zur klassischen Variante gut sichtbar auf der mobilen Variante der Website zu platzieren. Als Beispiel für die Umsetzung einer adaptiven Website mit dynamischer Auslieferung und Verlinkung der klassischen Variante kann die Website www.spiegel.de genommen werden (getestet am 02.09.2016).

Responsive Website

Responsive Websites hingegen sind Websites, die vom Server für alle Endgeräten – ob Smartphone, Tablet oder Laptop – gleichermaßen ausgeliefert werden und lediglich ihr Layout an die jeweiligen Gegebenheiten anpasst. So findet beispielsweise eine Optimierung für die Bildschirmgröße oder die Nutzung über einen Touchscreen statt. Hierfür arbeiten Websites unter anderem mit relativen Größenangaben und sogenannten Flow-Elementen. Letztere führen dazu, dass Elemente der Website bei großen Bildschirmen nebeneinander und auf dem Smartphone automatisch untereinander positioniert werden (vgl. Abb. 3.1). Website- beziehungsweise Content-Management-Systeme bieten hierfür eine Vielzahl an vorgefertigten Templates, was die Entwicklung responsiver Websites erheblich erleichtert. Als Beispiel für eine responsive Website kann www.vattenfall.de genommen werden (getestet am 02.09.2016).

Aufgrund der steigenden Gerätevielfalt wird von vielen Experten heute der responsive Ansatz als Standard empfohlen. Es gilt allerdings als Vorteil von adaptiven

Abb. 3.1 Responsive Design

Websites, dass diese nicht nur client-seitig – also im Browser des jeweiligen Endgerätes – durch dynamisches Layout das Nutzungserlebnis verbessern, sondern durch
eine serverseitige Anpassung der Inhalte, Funktionen und Dateigrößen die Website
bereits optimieren, bevor diese ausgeliefert wird. Diese Flexibilität ermöglicht es
Website-Betreibern, das Nutzungserlebnis für das jeweilige Endgerät maßzuschnei-
dern und ist bei responsiven Websites aktuell nur mit hohem manuellen Aufwand
möglich. Als Lösung hierfür gibt es responsives Webdesign mit serverseitigen Komponenten (Sevenval 2015), ein hybrider Ansatz, der responsive Websites sowohl ser-
ver- als auch client-seitig optimiert.

Laut aktueller Statistik (vgl. Abb. 3.2) arbeiten in Deutschland 40 % der Top-
100-Domains mit einer separaten mobilen Website, 34 % mit dynamischer Ausspielung und 24 % setzen auf Responsive Design (Searchmetrics 2016). Die
individuelle Entscheidung, über welchen technologischen Ansatz eine mobile
Website entwickelt wird, ist von der jeweiligen Website und ihren Funktionen,
der Komplexität und Zielgruppe abhängig.

AMP

Bei Accelerated Mobile Pages (Kurzform: AMP) handelt es sich um eine speziell für mobile Websites entwickelte Formatierungssprache, die auf HTML
basiert und dem Nutzer einen schnelleren Aufruf auf Inhalte ermöglicht.

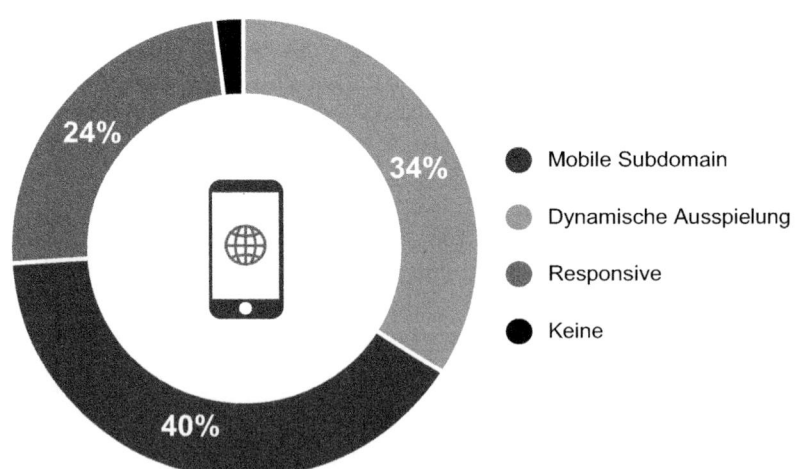

Abb. 3.2 Art der mobilen Umsetzung der Top-100-Websites in Deutschland

AMP-Seiten erscheinen innerhalb der Suchergebnisse von Google und sind dort durch ein kreisförmiges Logo mit Blitz markiert. Das von Google initiierte Open-Source-Projekt steht in der Kritik, die Marktposition von Google zu stärken, ohne den Anbietern von Inhalten einen echten Mehrwert zu bieten (Braun 2017).

Zur Optimierung der eigenen Website bietet Google sowohl einen Guide als auch automatisierte Website-Tests. Die Seite testmysite.thinkwithgoogle.com (zugegriffen am 04.09.2016) bewertet die Nutzerfreundlichkeit für Mobile (Mobile Friendliness), die Ladegeschwindigkeit über das mobile Endgerät (Mobile Speed) sowie die Ladegeschwindigkeit auf dem stationären Computer (Desktop Speed). Sie gibt Website-Betreibern so ein Instrument zur Messung des Erfolgs eingeleiteter Maßnahmen an die Hand. Laut Studien von Google erwartet der Großteil der Nutzer auf dem Smartphone eine Ladezeit von unter zwei Sekunden (Gillner 2017).

3.1.2 Mobile Search

Die Recherche nach Informationen, Produkten, Dienstleistungen und Unternehmen findet vor allem situativ und somit auf dem Smartphone statt. 2015 verkündete Google als reichweitenstärkste Suchmaschine, dass erstmals mehr Suchanfragen über Mobile als über Desktop durchgeführt wurden und dieser Anteil seitdem kontinuierlich wächst (Google 2015a). Neben der Bereitstellung einer mobil-optimierten Website, bedeutet dies für Marketer auch, dass sie Mobile bei ihrer Suchmaschinenstrategie berücksichtigen müssen.

Generell gelten für die Suchmaschinenoptimierung von mobilen Websites die gleichen Regeln wie für klassische Websites. Seit April 2015 müssen jedoch zusätzlich spezifische Vorgaben beachtet werden, die eine Website laut Google Mobile-Friendly machen (Google 2015b). Diese Erweiterung des komplexen Ranking-Algorithmus, der in den Medien auch unter dem Begriff „Mobilegeddon" (Wikipedia 2017b) bekannt wurde, berücksichtigt die technische Umsetzung einer Website für Mobile und straft sogar die Onlinevariante mit einem schlechteren Ranking ab, falls diese Standards nicht eingehalten wurden.

Für viele Unternehmen führte das Update aufgrund fehlender mobiler Optimierungen zu einer Verschlechterung ihres Rankings (Searchmetrics 2016). Zu den häufigsten Fehlertypen zählen laut Studie zu eng beieinanderliegende Links (20 %), zu kleine und schwer lesbare Texte (16 %), die Nutzung zu großer Elemente (15 %), horizontales Scrollen (12 %) und der Einsatz inkompatibler Plugins wie beispielsweise Flash (1 %).

Um das mobile Nutzungserlebnis zu verbessern und Nutzern vor intrusiver Werbung zu schützen, begann Google im Januar 2017, die Nutzung von bildschirmeinnehmenden Werbemitteln im Ranking zu bestrafen (Google 2016). Der Einsatz dieser sogenannten Interstitials (vgl. Abschn. 3.3.2) beim Öffnen einer mobilen Website hält laut Aussage des Unternehmens Nutzer von den eigentlich gesuchten Informationen ab.

Die Suche auf dem Smartphone ist im Gegensatz zur Desktop-Suche vor allem abhängig vom Kontext des aktuellen Nutzers. Anbieter wie Google versuchen daher, Inhalte und Dienstleistungen auf dem mobilen Endgerät möglichst einfach und schnell verfügbar zu machen. Über die in der Google-App integrierte Suche via Sprachsteuerung, können Nutzer Suchanfragen stellen, ohne eine Tastatur nutzen zu müssen. Immer häufiger finden Suchen auch über Personal Assistants (vgl. Abschn. 3.6.3) statt.

Für bezahlte Suchmaschinenanzeigen wie sie beispielsweise über Google AdWords möglich sind, bietet Mobile werbetreibenden Unternehmen eine Vielzahl an neuen Optionen. So können Anzeigen beispielsweise ortsbezogen in Abhängigkeit der Adressen eines Einzelhändlers oder Restaurants ausgesteuert werden. Dies stellt sicher, dass Konsumenten ausschließlich dann angesprochen werden, wenn diese sich im direkten Einzugsgebiet des Ladengeschäfts aufhalten. Über die automatisch eingeblendete Karte von Google Maps können die Nutzer das Ladengeschäft lokalisieren und sich so direkt zur Adresse navigieren lassen. Wer über die Anzeigenerweiterung seine Telefonnummer angibt, kann Konsumenten dazu motivieren, direkt beim Geschäft anzurufen oder über SMS mit dem Unternehmen kommunizieren. Unternehmen mit eigener App können direkt auf den jeweiligen App Store verlinken und so neue Nutzer gewinnen.

3.1.3 Mobile Shop

Das Smartphone spielt beim Kauf von Produkten eine entscheidende Rolle innerhalb der Customer Journey. Wie in Abschn. 1.11 dargestellt, wird es von Konsumenten vor allem für die Recherche eingesetzt. Immer häufiger findet allerdings auch der eigentliche Kauf im Onlineshop über das Smartphone statt. Shops, die speziell für das Smartphone entwickelt wurden oder zumindest mobil-optimiert sind, können als Mobile Shops bezeichnet werden. E-Commerce-Lösungen für Mobile können als Mobile Commerce oder mCommerce bezeichnet werden.

Bei der Gestaltung eines Mobile Shops müssen dieselben Punkte beachtet werden, wie bei der Entwicklung einer mobilen Website und auch hier kann zwischen adaptivem und responsivem Design unterschieden werden (vgl. Abschn. 3.1.1).

Darüber hinaus gibt es jedoch einige E-Commerce-spezifische Punkte, die es zu beachten gilt. Eine der wichtigsten Grundregeln für die Konzeption eines Mobile Shops ist das Prinzip der Vereinfachung. Onlineshops sind meist komplex und bieten eine große Anzahl an Kategorien, detaillierte Produktinformationen und verschiedene Wege, um das passende Produkt zu finden. Für eine nutzerfreundliche Mobile Experience muss hier sowohl bei der Darstellung als auch für die Navigation eine Simplifizierung und Reduktion stattfinden. Als gelungenes Beispiel hierfür kann die Website von Zalando gesehen werden (zugegriffen am 19.04.2017). Beim ersten Aufruf der Website werden die Nutzer danach gefragt, ob sie nach Kleidung für Damen, Herren oder Kinder suchen. Diese Information speichert der Shop und kann so einen Großteil des Angebots im Vorfeld herausfiltern. Einhergehend mit dieser Grundregel ist es zu empfehlen, die Suchfunktion des Mobile Shops für den Nutzer prominent zu platzieren. Für Nutzer, die ein konkretes Produkt suchen, kann die Suche ein sehr effizienter Weg zur eigentlichen Produktseite sein.

Das Hauptaugenmerk bei der Konzeption eines Mobile Shops sollte auf dem Bestellprozess und der Abfrage der persönlichen Daten und Bezahlinformationen liegen. Um den Bestellprozess möglichst einfach zu gestalten, sollten nur die absolut notwendigen Informationen vom Nutzer abgefragt werden. Je weniger Barrieren aufgebaut werden, desto eher führt ein Nutzer den Kauf auch tatsächlich über das Smartphone durch. Weitere Informationen können beim nächsten Besuch des Onlineshops aufgenommen werden. Persönliche Daten und Bezahlinformationen sollten so gespeichert werden, dass sie bei weiteren Käufen nicht erneut eingegeben werden müssen.

Für eine besonders personalisierte und für das jeweilige Smartphone optimierte User Experience empfiehlt sich zusätzlich zum Mobile Shop der Einsatz einer Mobile App (vgl. Abschn. 3.2).

3.1.4   E-Mail

Unabhängig von den Überlegungen zur eigenen Website, sind Marketer spätestens beim Versenden von Mailings mit der neuen mobilen Realität konfrontiert: Mit einer steigenden Tendenz werden E-Mails heute schon zu einem großen Teil auf dem Smartphone geöffnet. Laut Studien liegt der mobile Anteil bei E-Mail in den USA bei 49 % (IBM 2016). Unternehmen sollten daher dringend sicherstellen, dass ihre Mailings auch auf dem Smartphone und dem Tablet gut lesbar und nutzbar sind.

Zwar basieren multimediale E-Mails genau wie Websites auf einer Form des HTML-Formats, jedoch werden diese nicht direkt über den Browser, sondern meist über ein Mail-Programm oder -portal aufgerufen. Aus diesem Grund ist ein adaptiver Ansatz für die mobile Optimierung von E-Mails nicht möglich und es sollte das responsive Design (vgl. Abschn. 3.1.1) in einer wesentlich vereinfachten Variante gewählt werden. Hierfür bieten E-Mail-Plattformen und Anbieter Vorlagen.

Bei der Gestaltung der E-Mail sollte vor allem darauf geachtet werden, dass das Layout simpel gehalten ist und relative Größenangeben genutzt werden. Darüber hinaus sollte sichergestellt werden, dass die Schrift lesbar und Buttons groß genug für die Touchscreen-Bedienung sind. Grafiken sollten in ihrer Dateigröße reduziert werden und bei der Einbindung mit einer Alternativ-Beschriftung belegt werden. So kann sichergestellt werden, dass bei Nicht-Anzeige der Mails keine Informationen für den Empfänger verloren gehen.

Auch inhaltlich sollten Mailings für die mobile Nutzung angepasst werden. So können beispielsweise zu lange Titel gekürzt und ausführliche Texte auf das Wesentliche reduziert werden. Dies schränkt Marketer zwar bei der Gestaltung von Mailings ein, hat aber den positiven Nebeneffekt, dass Mails auch bei der Onlinenutzung einfacher konsumiert werden können.

Um sicherzustellen, dass die E-Mails auf allen Endgeräten korrekt dargestellt werden, sind ausführliche Tests bei der Erstellung der E-Mail-Vorlage unabdingbar. Um diesen Vorgang zu erleichtern, bieten Mailprogramme wie beispielsweise Mailchimp ihren Kunden integrierte Simulationen an.

3.2 Mobile App

Über 94 % der privaten Internetnutzung auf dem Smartphone findet heute über Apps statt (vgl. Abschn. 1.7). Diese eindrucksvolle Zahl sollte für Unternehmen Grund genug sein, die Entwicklung einer eigenen App zu evaluieren. Denn wer es schafft, mit seiner Marke auf dem Homescreen des Nutzers zu landen und ihn in seinem mobilen Alltag zu begleiten, ist so nah an seinem Kunden, wie es über traditionelle Medien kaum möglich ist.

Doch in der Masse der Unternehmens-Apps gibt es nur eine überschaubare Anzahl an Erfolgsbeispielen. Selbst wenn es gelingt, den Nutzer zur Installation zu bewegen, werden laut Statistiken rund 65 % der Apps schon nach einem Tag und 95 % der Apps nach 30 Tagen nicht mehr genutzt (AppsFlyer 2016). Die Gründe hierfür können vielfältig sein. Apps erfüllen nicht die Erwartungshaltung, bieten dem Nutzer keinen Mehrwert oder sind nicht intuitiv nutzbar. Eine durchdachte Konzeption, ein hohes Maß an Nutzerfreundlichkeit sowie die professionelle Entwicklung unter Einbeziehung der Zielgruppe sollten die Grundlagen für die App-Strategie sein. Darüber hinaus benötigen Unternehmen eine solide App-Marketingstrategie, die die Gewinnung und Bindung von Nutzern sicherstellt.

3.2.1 Konzeption

Im Gegensatz zu mobilen Websites, die von Konsumenten vor allem für die Ad-hoc-Nutzung und für Recherchen eingesetzt werden, greifen Nutzer dann zu Apps, wenn eine wiederkehrende Nutzung geplant ist. Beispiele hierfür sind die Abfrage des aktuellen Wetters, die Bestellung eines Taxis oder das Anschauen der Lieblingsserie – alles Nutzungsszenarien, in denen die App-Nutzung überwiegt. Aus diesem Grund sollte bei der Konzeption einer Unternehmens-App vor allem die Relevanz der App für den Nutzer im Fokus stehen: Welche Probleme kann die App lösen? Welchen Mehrwert bietet sie dem Nutzer? Wie kann sie Prozesse im Alltag vereinfachen?

In einer Nutzerbefragung in den USA gaben 37 % an, dass sie sich Apps herunterladen, die ihnen bei einer konkreten Aufgabe helfen (Tune 2016). Besonders erfolgreich sind daher auch sogenannte Single Purpose Apps, also Apps, die für eine gezielte Tätigkeit entwickelt wurden. Facebook folgte diesem Trend und entkoppelte in den vergangenen Jahren eine Vielzahl der Funktionalitäten wie beispielsweise den Messenger-Service oder die Seitenverwaltung als eigene Apps. Diese Entwicklung kann als Antwort auf die neue Mediennutzung verstanden werden, die vor allem durch kurze und gezielte Nutzungen geprägt ist (vgl. Abschn. 1.7). Ein Nutzungsverhalten, welches unbedingt bei der Konzeption der eigenen App berücksichtigt werden sollte.

Als gelungenes Beispiel für eine Unternehmens-App kann die des Pasta-Herstellers Barilla (zugegriffen am 29.01.2017) gesehen werden. Hier wurden im Rahmen der Konzeption die Zielgruppe und deren individuelle Nutzungssituationen und Problemstellungen innerhalb der Customer Journey analysiert. Für die Vorbereitung des Einkaufes bietet die App Rezeptvorschläge, eine Einkaufsliste und eine Übersicht über die Barilla-Produkte. Für den eigentlichen Kochvorgang bietet sie hilfreiche Tools wie beispielsweise einen für die jeweilige Nudelsorte voreingestellten Timer sowie ein sogenanntes Spaghettometer, mit dem Nutzer über eine grafische Darstellung die Anzahl der benötigten Spaghetti abmessen können.

Gleich eine ganze Palette an Apps entwickelte Kosmetik- und Pflegeprodukte-Hersteller L'Oréal. Die App Make Up Genius beispielsweise ermöglicht es dem Nutzer, Kosmetikprodukte virtuell auf einem Foto seines Gesichts auszuprobieren. Dies ermöglicht es Kunden, vor dem Kauf Produkte wie Haarfarben oder

Lippenstifte zu testet (L'Oréal 2017). Bearbeitete Fotos können über die App gespeichert und mit Freunden geteilt werden. Das Beispiel Make Up Genius ist vor allem deshalb so interessant, da es die Funktionalitäten des Smartphones wie die Kamera einbindet und den Selfie-Trend in das Konzept miteinbezieht.

Im Content- und Nachrichtensegment kann die App der Tagesschau als Beispiel herangezogen werden (Tagesschau 2016). Diese wurde 2016 unter dem Namen „Tagesschau 2.0" neu gelauncht und beinhaltet einige mobile Optimierungen, die zum Zeitpunkt der Veröffentlichung als innovativ angesehen werden konnten. Anstelle einer einfachen Abspielfunktion der für das Fernsehen produzierten Sendungen, werden die News in kurzen, bis zu 15-sekündigen Clips im Hochformat abgespielt. Ist ein Thema für den Nutzer uninteressant, kann er es mit einer Fingerbewegung wegwischen. Um dem Nutzer ein möglichst personalisiertes Nutzungserlebnis zu liefern, optimiert die Tagesschau-App die angebotenen Themen nach Interessen und Region des Nutzers und lernt mit jeder Nutzung dazu. Anstelle einer klassischen Suchfunktion bietet die App einen Chatbot, der dabei hilft, Inhalte zu finden.

3.2.2 User Experience

Anbieter von Smartphones wie Apple oder Samsung setzen bei der Entwicklung der Hardware sowie des Betriebssystems auf eine optimale Nutzerfreundlichkeit, die sogenannte User Experience. Ihr Erfolgsrezept beruht auf der Philosophie, Funktionalitäten auf das Wesentliche zu reduzieren und eine intuitive Nutzung zu ermöglichen. Diese Vorgehensweise ist gerade bei mobilen Endgeräten essenziell, da Nutzer in jeder Lebenssituation möglichst schnell und barrierefrei auf Informationen und Dienste zugreifen wollen. Diese Erwartungen von Nutzern an die User Experience besteht auch für Unternehmens-Apps.

Einer der wichtigsten Unterschiede bei der User Experience von Mobile im Vergleich zu der beim stationären Computer ist die Bedienung über den Touchscreen. Anstelle von Maus und Tastatur setzen Nutzer ihre Finger ein, um Buttons zu drücken (tap), durch den Content zu scrollen und Inhalte wegzuwischen (swipe) oder Bilder größer (spread) oder kleiner zu zoomen (pinch). Diese Steuerung über Gesten ist so intuitiv, dass sogar Kleinkinder sie verstehen und ohne große Einführung nutzen können (Funk 2014). Ein gutes Konzept für eine App berücksichtigt diese neue Form der Nutzung.

Das in Abschn. 3.2.1 vorgestellte Beispiel Tageschau 2.0 setzt auch auf eine Vereinfachung der Komplexität und auf die Steuerung über Gesten. So kann beispielsweise nicht-relevanter Content mit einer einfachen Fingerbewegung weggewischt werden. Diese Nutzung erinnert sehr an die Bedienung der erfolgreichen Dating-App Tinder. Bei Tinder wurde der komplexe Prozess der Partnersuchen, wie man ihn von Onlineportalen kennt, auf eine einfache Funktion reduziert: Dem Nutzer wird ein Foto eingeblendet und er kann es innerhalb von wenigen Sekunden nach links oder rechts wischen und somit seine Sympathie ausdrücken. Das radikale Konzept von Tinder wird häufig als positives Beispiel für eine gelungene mobile User Experience aufgeführt.

3.2.3 Entwicklung

Mobile Apps werden wie klassische Computersoftware mithilfe von höheren Programmiersprachen entwickelt. Während Apps für iOS mit Objective-C oder Swift entwickelt werden, basieren Android Apps auf Java. Für das Erlernen dieser Programmiersprachen gibt es ein umfangreiches Angebot an Lehrbüchern und Seminaren.

Android First

Aufgrund der hohen Verbreitung von Android als Betriebssystem gilt in vielen Unternehmen heute bei der Entwicklung von Apps eine „Android First"-Strategie. Mediale Aufmerksamkeit bekam diese Entwicklung im November 2015, als der Chief Product Officer von Facebook in einem Briefing einen Teil seiner Mitarbeiter dazu verpflichtete, Android-Geräte als Haupt-Smartphones zu nutzen (Floemer 2015). Die individuelle Entscheidung, ob iOS oder Android im Fokus der Entwicklung liegt, sollte in Abhängigkeit der Verbreitung innerhalb der jeweiligen Zielgruppe stattfinden. In einigen Nutzersegmenten ist das iPhone nach wie vor dominierend.

Einer Studie von 2015 zufolge, liegen die Kosten für die Entwicklung einer App bei durchschnittlich 30.000 EUR (iBusiness 2015). Diese Zahl variiert stark und ist vor allem von der Komplexität der App abhängig sowie davon, ob die Entwicklung durch Freelancer (ab 2828 EUR für eine einfache App) oder durch eine Agentur (ab 8000 EUR für eine einfache App) stattfindet. Die Kosten für sehr komplexe Apps können einige Hunderttausend Euro annehmen. Bei der Budgetplanung sollte beachtet werden, dass Apps je nach Zielgruppe sowohl für Android als auch für iOS entwickelt werden müssen. Dazu sollten in der Planung auch laufende Kosten für Vermarktung, Monitoring und Weiterentwicklung eingeplant werden. Die Summe dieser Kosten verdeutlicht die Notwendigkeit, die Entwicklung einer App nur mit einem durchdachten Konzept und dem notwendigen Budget anzugehen.

SDK

Bei einem SDK (Kurzform für Software Development Kit) handelt es sich um ein Software-Paket, welches innerhalb einer bestehenden App integriert werden kann und diese um neue Funktionalitäten erweitert. SDKs werden häufig eingesetzt, um Angebote von Drittanbietern wie beispielsweise Analyse- oder Werbeplattformen zu nutzen. Die Integration eines SDKs muss durch einen Programmierer durchgeführt werden und ist erst nach einem erneuten Upload in den App Store einsetzbar.

Für viele erfolgreiche App-Entwickler zählt zum Erfolgsrezept, dass die eigentliche Zielgruppe bereits in dem Entwicklungsprozess miteinbezogen wird. Bei diesem agilen Vorgehen werden Apps in einer Vielzahl an kleinen, iterativen Schritten entwickelt und die Ergebnisse durch direktes Feedback der Zielgruppe evaluiert. Eine der bekanntesten Methoden hierfür ist das Design Thinking, das unter anderem am Hasso-Plattner-Institut in Potsdam unterrichtet wird (HPI 2017). Eine weitere populäre Methode entwickelte Eric Ries mit „The Lean Startup" (Ries 2017). Generell ist es empfehlenswert, sich mit agilen Methoden für die Produktentwicklung zu beschäftigen.

3.2.4   App Store

Um Nutzern die eigene App zur Verfügung zu stellen, muss diese zunächst in die jeweiligen App Stores hochgeladen werden. Hier sind aufgrund der hohen Verbreitung von iOS und Android vor allem der Apple App Store sowie der Google Play Store zu nennen. Über App Stores können Unternehmen ihre App international publizieren, ohne dabei auf weitere Vertriebspartner angewiesen zu sein. Es ist jedoch zu beachten, dass Apple und Google bei Verkäufen über den App Store bis zu 30 % der Einnahmen einbehalten können (Apple 2017a; Google 2017a).

Während Websites nach dem Hochladen sofort verfügbar sind, werden Apps zunächst in einem bis zu 14 Tage andauernden Prozess geprüft. Dieser sogenannte Approval-Prozess soll die Funktionsfähigkeit und Qualität von Apps sicherstellen, um so dem Nutzer auch innerhalb von Apps Dritter ein möglichst optimales Nutzungserlebnis zu bieten. Besonders Apple kontrolliert eingereichte Apps hierbei streng und berücksichtigt neben Programmierfehlern und Nutzerfreundlichkeit auch Faktoren wie Einhaltung des Daten- und Jugendschutzes sowie die Aufdringlichkeit von Werbung. Einen genauen Katalog der Anforderung befindet sich auf den Entwickler-Websites der jeweiligen App Stores.

Beim Hochladen der eigenen App können Marketer im App Store Informationen wie Titel, Beschreibung, Kategorie und Suchwörter, sogenannte Keywords, angeben und zusätzlich Screenshots der App hochladen. Laut Nutzerbefragung finden 40 % der Smartphone-Nutzer neue Apps über die Suche in App Stores (Google 2015c). Die Optimierung der für die Nutzer sichtbaren Informationen wird als App Store Optimization (Kurzform: ASO) bezeichnet. Es gelten ähnliche Details zu berücksichtigen wie bei der Suchmaschinenoptimierung von Websites, die sogenannte Search Engine Optimization (Kurzform: SEO). Hierfür hilft es, sich in seine Zielgruppe und ihre Suche hineinzudenken und möglichst viele Keywords in den Beschreibungstext aufzunehmen. Wer beispielsweise ein App wie die von Barilla (vgl. Abschn. 3.2.1) sucht, jedoch das Wort „Spaghettometer" nicht kennt, könnte stattdessen nach „Pasta Menge" oder „Nudeln kochen" suchen. Hilfreich kann es auch sein, Apps von Wettbewerbern zu recherchieren und im Hinblick auf die Darstellung im App Store und die Nutzung von Keywords zu analysieren.

Zusätzlich zu den direkt beeinflussbaren Informationen im App Store kommen die von Nutzern angegebenen Informationen wie Bewertungen oder Reviews. Diese Form der Nutzerinteraktion hat direkte Auswirkungen auf das Download-Verhalten weiterer Nutzer sowie auf das Ranking innerhalb der App Stores (t3n 2015). Aus diesem Grund sind ein regelmäßiges Monitoring und eine schnelle Reaktion auf Kritik in Form von App-Updates zwingend notwendig. Während im Google Play Store Unternehmen schon seit 2013 auf Kommentare antworten können, kündigte Apple diese Erweiterung erst Anfang 2017 an (t3n 2017). Zur Erhöhung der positiven Bewertungen wird empfohlen, zufriedene Nutzer während der eigentlichen App-Nutzung aktiv um eine Bewertung im App Store zu bitten.

Um den Erfolg seiner App in den App Stores zu analysieren und die Auswirkung von Maßnahmen zu beurteilen, sollte ein Monitoring aufgesetzt werden. Hierbei ist es wichtig zu definieren, welche Kennzahlen (KPIs) gemessen werden sollen und auf welche Aspekte die Analyse ausgerichtet wird. Neben der Anzahl an Downloads und den Bewertungen können hier auch die Position in den Suchergebnissen und in den Top-Listen der jeweiligen Kategorien berücksichtigt werden. Eine Vielzahl an Agenturen und Plattformen bieten hierfür spezielle Monitoring-Lösungen.

3.2.5 Nutzergewinnung (User Acquisition)

In den App Stores von Apple und Google befinden sich aktuell jeweils mehr als zwei Millionen Apps, doch nur ein geringer Anteil davon schafft es tatsächlich,

eine große Anzahl an Nutzern zu erreichen und diese über einen längeren Zeit-
raum zu binden. Bei 87 % der in Deutschland verfügbaren Apps handelt es sich
laut dem App-Analyse-Unternehmen Adjust um sogenannte App Zombies – also
um Apps, die kaum Installationen und Nutzung nachweisen können (t3n 2016).

Um die eigene App erfolgreich zu vermarkten, ist eine ganzheitliche Strategie
zur Gewinnung von Nutzern notwendig. Ziel der Maßnahmen zur sogenannten
User Acquisition (Kurzform: UA) ist es, über verschiedene Kanäle die richtige
Zielgruppe anzusprechen und diese zur Installation der App zu bewegen. User-
Acquisition-Maßnahmen sollten jedoch nicht nur quantitativ auf die Anzahl der
Installationen ausgerichtet sein, sondern auch qualitativ auf den Wert der Nutzer.
Zielgruppen sind besonders dann relevant, wenn sie sich durch eine besonders
intensive Nutzung auszeichnen oder innerhalb der App Kaufabschlüsse tätigen
und so zu einem hohen Return-on-Invest (Kurzform: ROI) beitragen.

Generell können die Maßnahmen zur Gewinnung von Nutzern in Inbound
(„eingehend") und Outbound („ausgehend") unterteilt werden. Während sich
Inbound-Maßnahmen vor allem an Nutzer richten, die aktiv nach der App oder
nach bestimmten Inhalten oder Diensten suchen, zielen Outbound-Maßnahmen
darauf ab, neue Nutzer proaktiv anzusprechen (vgl. Abb. 3.3).

Inbound-Maßnahmen
Suchen Nutzer bereits nach einer bestimmten App oder zumindest nach konkreten
Inhalten und Dienstleistungen, muss es das Ziel des Marketings sein, für diese
Nutzer innerhalb ihres Suchprozesses auffindbar zu sein und sie auf die eigene

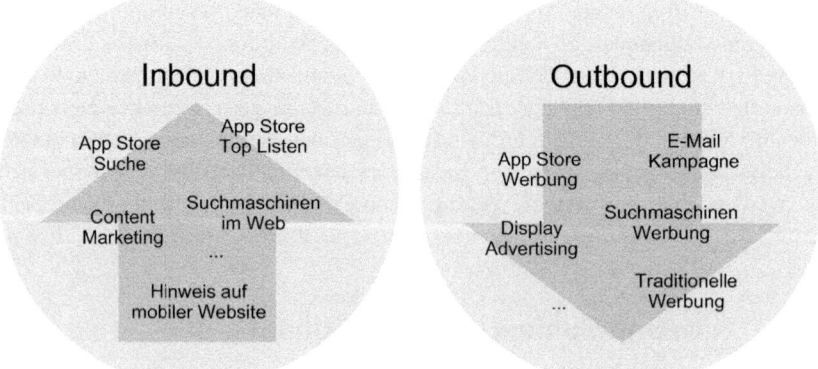

Abb. 3.3 Maßnahmen zur Nutzergewinnung

App aufmerksam zu machen. Hierfür ist es empfehlenswert, die Customer Journey (vgl. Abschn. 1.11) der Nutzer zu analysieren und Optimierungs- und Werbemaßnahmen auf den jeweiligen Touchpoints zu evaluieren.

So gilt es innerhalb des App Stores beispielsweise, die eigene App für Nutzer möglichst auffindbar zu machen und attraktiv darzustellen (vgl. Abschn. 3.2.4). Schafft es eine App in eine der Top-Listen innerhalb der App Stores, so kann auch dies zu einer Vielzahl an neuen Installationen führen, da Nutzer sich häufig über die Top-Listen inspirieren lassen.

Doch auch über Suchmaschinen im mobilen Browser können Nutzer im Rahmen ihrer Suche angesprochen werden. Über die klassischen Suchergebnisse hinaus (vgl. Abschn. 3.1.2) bieten Anbieter wie Google spezielle Werbeformate, um Apps innerhalb der Suchergebnisse hervorzuheben und diese zum direkten Download anzubieten (Google 2017b).

In jedem Fall empfiehlt es sich, auf der eigenen mobil-optimierten Website auf die App hinzuweisen und so Nutzer der Website beim Besuch zu App-Nutzern zu konvertieren. Hierfür bietet sich eine spezielle Form der Banner an, der bei Aufruf am oberen Teil der mobilen Website angezeigt wird und vom Nutzer jederzeit geschlossen werden kann. Als Beispiel hierfür kann die mobile Website der Deutschen Bahn www.bahn.de gesehen werden (zugegriffen am 07.04.2017).

Inbound-Maßnahmen sind ein wichtiger Bestandteil der User-Acquisition-Strategie und bieten sich vor allem für kleine und mittelständische Unternehmen sowie für Start-ups an, die über kein großes Budget für Werbemaßnahmen verfügen. Auch Content- und Influencer-Marketing sowie redaktionelle Inhalte können auf Apps hinweisen und so zu Downloads führen. So kann beispielsweise in einem Reisebericht eines Bloggers eine Travel-App empfohlen werden.

Outbound-Maßnahmen

Um Nutzer proaktiv anzusprechen und sie auf die eigene App aufmerksam zu machen, bieten sich Marketern eine Vielzahl an Outbound-Maßnahmen an. Ziel sollte es hierbei sein, die richtige Zielgruppe anzusprechen, ihr Interesse zu wecken und sie über den Mehrwert der App zu informieren.

Wer über eine eigene Nutzerbasis oder Kundendatenbank verfügt, sollte diese über Direkt-Marketing-Maßnahmen wie beispielsweise E-Mail ansprechen und auf das neue Angebot hinweisen. Darüber hinaus können soziale Medien eingesetzt werden, um innerhalb der bestehenden Nutzergruppe auf das Angebot hinzuweisen. Auch Pressemitteilungen können als Instrument dienen, um eine hohe Reichweite zu erzielen und den Markt auf das eigene Angebot aufmerksam zu machen.

Über die kostenlosen Maßnahmen hinaus, bieten bezahlte Werbekampagnen, sogenannte App Install Ads, Unternehmen die Möglichkeit, in kurzer Zahl eine große Anzahl an Nutzern zu erreichen und so die Bekanntheit der eigenen App zu steigern. Bei mobilen Werbekampagnen werden Werbemittel wie beispielsweise Banner erstellt, die Nutzer zum Herunterladen der App motivieren und auf die entsprechende Seite in den jeweiligen App Stores verlinken. Diese Werbemittel werden in definierten Bereichen auf bestehenden mobilen Websites und Apps eingebunden. Die Buchung dieser Werbeflächen kann direkt über Website- und App-Anbieter und deren Vermarkter, über unabhängige Werbenetzwerke oder programmatische Plattformen stattfinden. Hierfür steht eine Vielzahl an spezialisierten Agenturen und Plattformen zur Verfügung. In Abschn. 3.2.6 werden die Möglichkeiten beispielhaft für Facebook dargestellt. Generelle Informationen zu mobiler Werbung befinden sich in Abschn. 3.3.

Eine interessante Form der mobilen User Acquisition sind sogenannte Incentivized Campaigns. Hierbei wird Nutzern ein nicht-intrinsischer Anreiz geschaffen, der sie zum Download der App motiviert. So erhalten sie beispielsweise in einer Spiele-App Bonuspunkte für den Download anderer Apps. Auch wenn diese Nutzer den Download nicht aus echtem Interesse an dem Angebot des Unternehmens herunterladen, kann es dennoch vorkommen, dass sie die App nach der Installation ausprobieren und zu einem echten Nutzer werden.

Mobile Werbung kann ein effektiver Kanal für die User Acquisition sein, da Nutzer auf dem Endgerät angesprochen werden, auf dem auch der Download und die tatsächliche Nutzung der App stattfinden. Es werden jedoch auch traditionelle Medien wie TV, Radio, Print oder Plakat zur Gewinnung von Nutzern eingesetzt. So wird beispielsweise vermehrt Fernsehwerbung geschaltet, um Zielgruppen auf Apps hinzuweisen. Hierbei wird die Tatsache genutzt, dass das Smartphone auch während des Fernsehkonsums im Einsatz ist oder zumindest in greifbarer Nähe liegt (vgl. Abschn. 2.5).

Die Möglichkeiten bei der Gewinnung von Nutzern sind abhängig von dem zur Verfügung stehenden Werbebudget. Jedoch bieten sich Marketern eine Vielzahl an kreativen Lösungen, auf die eigene App aufmerksam zu machen und sie auch ohne kostenintensive Werbemaßnahmen in die Top-Listen der App Stores zu bringen. Nicht zu unterschätzen ist hierbei die Weiterempfehlung von Apps von zufriedenen Nutzern. Apps, die besonders innovativ sind, den Nutzern Spaß machen oder einen echten Mehrwert bieten, verbreiten sich häufig nach dem Erreichen einer kritischen Masse von alleine. Dieses sogenannte organische Wachstum sollte das Ziel jeder App-Marketingstrategie sein und setzt eine gute Konzeption der App voraus.

3.2.6 Facebook App Install Ads

Einer der meist genutzten Kanäle für die Gewinnung von neuen App-Nutzern ist Facebook. Das soziale Netzwerk bietet Zugriff auf eine hohe Reichweite, vielfältige Targeting-Möglichkeiten und besonders effektive Werbeformate. Darüber hinaus zeichnen sich über Facebook gewonnene Nutzer laut aktuellen Analysen (AppsFlyer 2017) im Hinblick auf die tatsächliche Intensität der App-Nutzung durch eine besonders hohe Qualität aus. Im Folgenden wird daher der Prozess der Nutzergewinnung über Werbekampagnen beispielhaft für „Facebook App Ads" aufgezeigt. Detaillierte Informationen zum Einsatz von Social Media innerhalb des Mobile Marketings befinden sich in Abschn. 3.5.

Die User Acquisition über Facebook kann ohne große Vorkenntnisse, externe Plattformen oder Agenturen über den hauseigenen Werbeanzeigenmanager durchgeführt werden (Facebook 2017d). Nach Klick auf „Werbeanzeige erstellen" wird hierfür das Marketingziel „App-Installationen" ausgewählt. Das Aufsetzen dieser Ad-Kampagnen ist vergleichbar mit klassischen Kampagnen über das soziale Netzwerk (vgl. Abschn. 3.5.3).

Über die Definition der Zielgruppe kann im ersten Schritt ein Targeting basierend auf demografischen Informationen wie Alter und Geschlecht sowie auf Interessen, Verhaltensweisen oder genutzte Endgeräte definiert werden. Hierbei ist es beispielsweise möglich, eine Rezepte-App an Personen auszuspielen, die gerne kochen oder vergleichbare Apps und Websites mit „Gefällt mir" markiert haben. Generell gilt: Je detaillierter die Zielgruppe definiert wird, desto höher ist die Qualität der Werbekampagne. Bei der Konfiguration der Kampagne sollte jedoch stets die potenzielle Reichweite, die im Werbeanzeigenmanager unter „Zielgruppengröße" angezeigt wird, im Auge behalten werden.

In Abhängigkeit des definierten Budgets und Zeitraums wird die Kampagne je nach Auswahl auf Facebook, Instagram und innerhalb von Facebooks Werbenetzwerk Audience Network ausgespielt. Dabei wird sie von der Facebook-Technologie automatisch auf die Performance-Ziele „Klicks auf Links", „App Installationen" sowie auf „App Events", also auf definierte Aktivitäten innerhalb der App, optimiert.

Nach Schaltung der Kampagne wird die selbst gestaltete Werbeanzeige in den Neuigkeiten der Zielgruppe als gesponserte Meldung mit der Beschriftung „Vorgeschlagene App" angezeigt. Das native Werbeformat (vgl. Abschn. 3.3.2) passt sich dabei dem Inhalt und der Gestaltung der Seite an und fügt sich nahtlos in das Layout des sozialen Netzwerkes ein. Über den Button „Jetzt installieren" gelangen interessierte Nutzer direkt auf die entsprechende Seite im App Store.

Um den vollen Funktionsumfang von Facebook zu nutzen, ist es notwendig, das SDK (vgl. Abschn. 3.2.3) von Facebook in die eigene App zu integrieren (Facebook 2017a). Hierdurch können die Installationen sowie Aktivitäten innerhalb der App gemessen und für die Optimierung der Kampagne genutzt werden. Basierend auf den Messungen des SDKs, bietet Facebook eine Vielzahl an Instrumenten zum Monitoring und zur Analyse an. Zusätzlich zur Gewinnung neuer Nutzer besteht die Möglichkeit, bestehende App-Nutzer erneut mit Werbung anzusprechen, um sie wieder zu aktivieren (vgl. Abschn. 3.2.8).

Im Vergleich zur Bewerbung der App über Ad Networks liegen die Kosten für App-Installationen über Facebook im Durchschnitt etwa 20 % höher (AppsFlyer 2017). Jedoch zeigen Analysen, dass die Kosten im Hinblick auf spätere Kennzahlen wie beispielsweise Conversions geringer sind. Dies spricht für die hohe Qualität der über Facebook gewonnenen Nutzer.

3.2.7   Analyse und Erfolgsmessung

In Zentrum einer App-Marketingstrategie sollten stets die Analyse der Nutzer und das Monitoring der tatsächlichen Nutzung stehen. Nur wer wirklich versteht, welche Zielgruppen die App nutzen, wie ihre Nutzung im Detail aussieht und welche Gründe sie für die Nicht-Nutzung und De-Installation der App haben, kann seine App nachhaltig erfolgreich machen. Ebenso ist es wichtig zu verstehen, woher Nutzer eigentlich kommen und welchen Beitrag die jeweiligen User-Acquisition-Maßnahmen tatsächlich haben. Erst diese sogenannte Attribution ermöglicht es, die Strategie kontinuierlich zu optimieren und Werbebudgets möglichst effizient einzusetzen.

Analyse und Segmentierung

Für die Analyse der App-Nutzung bieten sich Marketern eine Vielzahl an Anbietern und Tools. Generell kann zwischen technischer Messung auf der einen und Marktforschung auf der anderen Seite unterschieden werden. Während die technische Messung exakte, quantitative Daten zur Nutzung liefert, hilft eine Marktforschung beispielsweise in Form einer mobilen Befragung oder einer Laborstudie dabei, qualitative Daten zu gewinnen und so Insights zu generieren. Erst die Kombination von quantitativer Messung und qualitativer Studie ermöglicht es, ein vollständiges Bild über die Nutzer und deren Nutzung zu gewinnen.

Für die technische Messung der tatsächlichen App-Nutzung bieten unterschiedliche Anbieter spezielle Tools. Google Analytics beispielsweise bietet neben der Messung von Websites auch ein Portfolio an Funktionen für Apps an.

Grundvoraussetzung für alle Analytics-Lösungen ist die Installation eines SDKs (vgl. Abschn. 3.2.3) in die eigene App.

Um Analysen für unterschiedliche Subgruppen durchzuführen, bietet sich eine Segmentierung der Nutzer an. Hierbei werden Nutzer zu Gruppen, beispielsweise zu Heavy-Usern, Luxus-Käufern oder Shop-Abbrechern zusammengefasst. Diese Segmente werden auch als Kohorten bezeichnet.

Erfolgsmessung und Attribution

Um den Erfolg des App Marketings zu messen, sollten zunächst die wichtigsten Parameter definiert werden. Abb. 3.4 zeigt eine Auswahl gebräuchlicher KPIs inklusive Beschreibung.

User-Acquisition-Kampagnen finden in den meisten Fällen performance-basiert statt, werden also in Abhängigkeit von tatsächlich messbaren Interaktionen wie Klicks oder Installationen abgerechnet. Wird eine Agentur also mit einer User-Acquisition-Kampagne beauftragt, spielt für das beauftragende Unternehmen die Anzahl der tatsächlich ausgelieferten Werbemittel keine Rolle, da lediglich für die Klicks oder Installationen bezahlt wird.

Auch wenn die Anzahl der Installationen in App-Marketingstrategien meist der wichtigste Parameter ist, sollte beachtet werden, dass nicht jeder Nutzer den gleichen Wert für ein Unternehmen hat. Während ein Mobile Shop vor allem auf hohe Kaufabschlüsse innerhalb einer App abzielt, ist es für Unternehmens-Apps mit Branding-Zielen vorrangig, die richtige Zielgruppe zu erreichen und eine intensive Nutzung zu fördern. Aus diesem Grund sollten weitere Kennzahlen wie die Retention Rate, die Anzahl der Loyal User oder der ARPU definiert werden (vgl. Abb. 3.4).

Cost Per Install

Die durchschnittlichen Kosten je Installation, die sogenannten CPIs, liegen in den USA bei etwa 1,88 US$ für iOS und 2,42 US$ für Android (Fiksu 2016). Für einen loyalen Nutzer entstehen Kosten in Höhe von durchschnittlich 2,75 US$. Die Kosten sind zielgruppenabhängig und unterscheiden sich zum Teil massiv je nach Ländern, genutzten Endgeräten, App-Genres und bereits vorhandener Verbreitung der eigenen App.

Analytics-Tools wie Google Analytics, adjust, AppsFlyer oder Tune helfen dabei, herauszufiltern, welche Nutzer über welche Werbemaßnahmen gewonnen wurden und wie hoch ihr Wert für das Unternehmen ist. Hierfür wird die Nutzung durch die Definition von Events wie beispielsweise erreichtes Level, häufige Nutzung

KPI	Beschreibung
CPC (Cost-Per-Click)	Kosten je geklicktem Werbemittel
Installs	Anzahl der erzielten Installationen
CPI (Cost-Per-Install)	Kosten je neuer Installation
CPA (Cost-Per-Action)	Kosten je definierter Nutzeraktion
Retention Rate	Rate der aktiven Nutzer, nach definiertem Zeitraum
Loyal User	Nutzer mit Mindestanzahl an Nutzungen (z.B. n=3)
CPLU (Cost-Per-Loyal-User)	Kosten je loyalem Nutzer
Installs	Anzahl der erzielten Installationen
ARPU (Average-Revenue-Per-user)	Durchschnittliche Einnahmen je Nutzer
LTV (Life-Time-Value)	Gesamtwert eines Nutzers über seine Lebenszeit
ROI (Return-On-Invest)	Mehreinnahmen je ausgegebenem Werbe-Euro

Abb. 3.4 KPIs für das App Marketing

oder getätigte Kaufabschlüsse gemessen und Nutzer in unterschiedliche Kohorten eingeteilt. Diese sogenannte Attribution ermöglicht es, Kampagnen zu optimieren und Werbeausgaben möglichst effektiv einzusetzen.

Während Nutzer, die über mobile Werbemaßnahmen akquiriert wurden, direkt mess- und zuordenbar sind, fällt eine Attribution von organischem Wachstum sowie von Offline-Werbemaßnahmen deutlich schwieriger. Bei Werbemaßnahmen, die zu einem konkreten Zeitpunkt stattfinden, wie beispielsweise bei der Buchung eines Werbeblocks im TV, kann die Attribution über die Uhrzeit der Installation durchgeführt werden. Darüber hinaus können Nutzerbefragungen dabei helfen, ein besseres Verständnis über die Herkunft der Nutzer zu gewinnen.

3.2.8 Nutzerbindung und Push-Benachrichtigungen

Die Gewinnung neuer Nutzer ist ein zentraler Bestandteil des Erfolgs von Apps, doch nur wer es schafft, bestehende User zur Nutzung zu motivieren und sie langfristig zu binden, verfolgt eine wirklich nachhaltige App-Marketingstrategie. Grundlage hierfür ist auf der einen Seite ein durchdachtes App-Konzept, dass dem Nutzer einen echten Mehrwert liefert und ihn intrinsisch zur Nutzung motiviert, auf der anderen Seite bieten sich Marketern über Push-Benachrichtigungen sowie über Re-Targeting-Kampagnen effektive Möglichkeiten, um mit bestehenden Nutzern in den Dialog zu treten und die Motivation zu steigern.

Push-Benachrichtigungen
Bei einer Push-Benachrichtigung handelt es sich um einen kurzen Text, der wie eine SMS auf dem Homescreen des Nutzers angezeigt wird. Eine Interaktion mit der Benachrichtigung führt direkt in die jeweilige App. Nutzer können jedoch nur dann über Push-Benachrichtigungen angesprochen werden, wenn sie hierfür explizit zugestimmt haben. Diese Erlaubnis kann bei der Nutzung der App über ein Dialogfenster eingeholt werden. Nutzer haben über die Einstellungen ihres Smartphones jederzeit die Möglichkeit, diese Einstellungen zu ändern.

Laut Anbieter Urban Airship liegt die Quote für Einwilligungen im Durchschnitt bei etwa 40 % (Urban Airship 2015). Jedoch ist hier zu berücksichtigen, dass es große Unterschiede je nach Art der App, genutztem Betriebssystem und Zielgruppen gibt. Um die Quote für die eigene App zu erhöhen, muss es gelingen, den Mehrwert für den Nutzer zu kommunizieren. Während Push-Benachrichtigungen für Service-Apps wie beispielsweise einer App für Staumeldungen zum zentralen und für den Nutzer nachvollziehbaren Bestandteil des Konzepts gehört, sind Nutzer bei Unternehmens-Apps meist zurückhaltender und wollen erst die Notwendigkeit für sich erkennen, bevor sie zustimmen.

Gut eingesetzt, können Push-Benachrichtigungen den Dialog mit dem Nutzer fördern und die Nutzungsintensität erhöhen. Sie bringen jedoch das Risiko mit sich, dass Nutzer mit Reaktanz reagieren und im schlechtesten Fall die App deinstallieren. Aus diesem Grund müssen sich Marketer intensiv mit dem Thema beschäftigen, die Auswirkungen von Nachrichten kontinuierlich beobachten und ein gesundes Maß bei der Nachrichtenfrequenz finden. So kann beispielsweise die Uhrzeit eine große Rolle für den Erfolg spielen. So sollte es in jedem Fall vermieden werden, Nutzer in den frühen Morgenstunden mit einer Benachrichtigung zu wecken. Anbieter von Diensten für Push-Benachrichtigungen bieten Marketern eine Vielzahl an Automatisierungs-, Analyse- und Test-Tools.

Re-Targeting

Die Reaktivierung von Nutzern ist besonders dann eine Herausforderung, wenn diese keine Push-Benachrichtigungen zugelassen oder die App bereits deinstalliert haben. Für diese Fälle besteht die Möglichkeit, eine mobile Werbekampagne (vgl. Abschn. 3.3) zu schalten und mit einem Targeting (vgl. Abschn. 3.3.5) auf bestehende Nutzer zu arbeiten. Dieses sogenannte Re-Targeting ist bekannt aus dem E-Commerce: Nutzer erhalten Werbemittel, in denen die Produkte zu sehen sind, die sie sich zuvor im Shop angeschaut haben. Diese sehr effektive Technik kann auch eingesetzt werden, um Nutzern einen Impuls zu schicken, eine bereits installierte App wieder zu nutzen.

Ob Push-Benachrichtigung oder Re-Targeting: Besonders effektiv ist die Maßnahme vor allem dann, wenn sie personalisiert ist und die Zielgruppe im richtigen Moment anspricht. Auch eine Incentivierung – beispielsweise in der Form eines Rabatts – kann die Erfolgsquote signifikant erhöhen.

3.3   Mobile Advertising

Das Smartphone ist für seine Nutzer über die vergangenen Jahre zum First Screen avanciert und sollte daher auch bei der Planung von Werbekampagnen eine zentrale Rolle einnehmen. Marketer können über Mobile Advertising Konsumenten entlang der gesamten Customer Journey (siehe Abschn. 3.2.5) mit unterschiedlichen Werbeformaten ansprechen. So kann mobile Werbung beispielsweise eingesetzt werden, um Konsumenten auf neue Produkte aufmerksam zu machen, um die Wahrnehmung einer Marke positiv zu beeinflussen oder um einen Kauf im Geschäft oder über einen Mobile Shop auszulösen.

Die Besonderheit von Mobile Advertising im Vergleich zu klassischer Onlinewerbung liegt vor allem in den vielseitigen Interaktionsmöglichkeiten mit dem Nutzer sowie darin, dass Werbemittel gezielt im für die Werbebotschaft relevanten Mobile Moment (siehe Abschn. 1.10) ausgesteuert werden können. Wer den Nutzer auf dem persönlichsten Endgerät mit einer für ihn passenden Botschaft erreicht, kann ein hohes Maß an Aufmerksamkeit, Interaktion und Bindung erzielen. Der folgende Abschnitt behandelt alle relevanten Komponenten bei der Planung und Durchführung von Werbekampagnen und beleuchtet dabei die Besonderheiten von Mobile.

3.3.1 Kampagnenplanung und KPIs

Für die Planung einer mobilen Werbekampagne sollte zunächst definiert werden, in welcher Phase der Customer Journey die Nutzer angesprochen werden und auf welche konkreten Ziele die Werbemaßnahmen einzahlen sollen. Hierfür sollten sich Marketer am Customer Journey Funnel aus Abschn. 1.11 orientieren. Kampagnen, die eher auf die oberen Teile des Funnels abzielen und die Markenbekanntschaft, das Markenimage sowie die Markenpräferenz beeinflussen sollen, benötigen eine andere Planung als Kampagnen, die auf den unteren Teil des Funnels ausgerichtet sind und auf direkte Aktionen bis hin zum direkten Abverkauf abzielen.

Die vom Online-Marketing bekannte Unterscheidung zwischen Branding- und Performance-Werbung gilt auch für das Mobile Marketing. Während Branding-Kampagnen dafür eingesetzt werden, die Marken- und Produktwahrnehmung des Konsumenten zu beeinflussen und nur indirekt auf den Abverkauf abzielen, steht bei Performance-Werbung direkt messbare Interaktion und im optimalen Fall sogar der direkte Abverkauf Im Fokus (vgl. Abb. 3.5).

Für beide Kampagnenformen stehen spezifische Messparameter, die sogenannten Key Performance Indicators (Kurzform KPI), zur Verfügung. Führt ein Marketer eine Branding-Kampagne durch, so findet die Abrechnung in Abhängigkeit der tatsächlich ausgelieferten Werbemittel statt. Hierfür werden Kampagnen auf Basis von Tausender-Kontakt-Preisen (Kurzform TKP beziehungsweise CPM) eingekauft. Bei Performance-Kampagnen hingegen zahlt der Marketer für die tatsächlichen Interaktionen durch die Nutzer wie beispielsweise Klicks (CPC = Cost-Per-Click) oder

	Branding-Werbung	Performance-Werbung
Primäres Ziel	Beeinflussung von Marken- und Produktwahrnehmung	Direkte Interaktionen und Abverkauf
Customer Journey	Oberer Teil des Funnels	Unterer Teil des Funnels
KPIs	CPM (Cost-per-Mille)	CPC = Cost-per-Click, CPI = Cost-per-Install, …
Abrechnung	Je ausgeliefertem Werbemittel	Je definierter Nutzeraktion
Messung	Marktforschung	Technisches Tracking

Abb. 3.5 Unterschiede Branding- und Performance-Werbung

App-Installationen (CPI = Cost-Per-Install). Eine Übersicht der KPIs speziell für die Bewerbung von Apps befindet sich in Abschn. 3.2.7.

Auch wenn diese beiden Herangehensweisen sich in Zielsetzung und Abrechnung grundlegend voneinander unterscheiden, sollte man bei der Planung bedenken, dass auch Branding-Kampagnen zu direkten und messbaren Aktionen durch die Nutzer führen können und Performance-Kampagnen unabhängig von den jeweiligen Zielen immer auch eine Branding-Wirkung haben.

Neben der Definition der Ziele und KPIs ist ein weiterer elementarer Bestandteil der Kampagnenplanung die Bestimmung der eigentlichen Zielgruppe. Die Definition sollte sowohl sozio-demografische Informationen wie Alter, Geschlecht, Bildung und Einkommen umfassen, als auch Angaben zu Interessen, Kaufintentionen und Lebensstil. Darüber hinaus sollte eine Einordnung der Zielgruppe innerhalb der Customer Journey vorgenommen und die für die Kampagne relevanten Mobile Moments definiert werden. So ist es beispielsweise eine relevante Unterscheidung, ob es sich um bisher unbekannte Konsumenten handelt, oder um Personen, zu denen bereits Kontakt bestand beziehungsweise die bereits zum eigenen Kundenkreis gehören. Häufig haben Kampagnen mehrere Unterzielgruppen, was eine komplexere Planung erfordert. Je detaillierter die Zielgruppendefinition durchgeführt wird, umso besser können die Werbemittel (siehe Abschn. 3.3.2) für die Bedürfnisse maßgeschneidert werden und die Einstellungen für das Targeting (siehe Abschn. 3.3.5) vorgenommen werden.

3.3.2 Werbeformate und Gestaltung

Der Erfolg einer mobilen Kampagne steht und fällt mit der Gestaltung der Werbemittel, den sogenannten Creatives, und der Wahl der passenden Formate. Nutzer sind von ihren Smartphones und den darauf genutzten Apps und Websites einen hohen Grad an Nutzerfreundlichkeit und Design gewohnt (vgl. Abschn. 3.2.2) und können bei schlecht gemachter Werbung mit Reaktanz reagieren.

Bei der Gestaltung der Creatives gilt es zu berücksichtigen, dass Smartphones über eine begrenzte Bildschirmgröße verfügen und so alle Texte und grafischen Elemente eine entsprechende Größe haben müssen, um lesbar zu sein. Dazu kommt, dass die Bedienung über den Touchscreen des Smartphones große Schaltflächen notwendig macht. Diese sollten möglichst nicht zu nah aneinander und mit etwas Abstand zum Rand positioniert werden. Wer diese Einschränkungen bei der Gestaltung berücksichtigt, kann sich kreativ mit den vielen multimedialen Möglichkeiten beschäftigen. Der Touchscreen ermöglicht eine neue Form der Interaktion mit Elementen, die im Smartphone integrierten Sensoren lassen das

| Banner | Interstitial | Rich-Media | Video | Native |

Abb. 3.6 Übersicht mobile Werbeformate

Werbemittel auf Aktionen wie schütteln oder drehen reagieren und das hochauflö-sende Display eignet sich perfekt für Animationen und Videos.

Für die Umsetzung der Creatives stehen Marketern je nach Anbietern unter-schiedliche Werbeformate zur Verfügung. Um einen Marktstandard zu schaffen, hat der deutsche Online-Vermarkter-Kreis (OVK 2016) sowie die internationale Mobile Marketing Association (MMA 2011) auf ihren Websites Richtlinien für mobile Werbeformen definiert. Neben dem Format wird hier unter anderem auch die maximale Dateigröße festgelegt.

Generell lassen sich Werbeformate in fünf Kategorien einordnen: Banner, Interstitial, Rich-Media, Video und Native (siehe Abb. 3.6).

Banner
Klassische Werbebanner wie beispielsweise das weit verbreitete 6:1-Content-Ad werden innerhalb der mobilen Website oder App an einer definierten Position im Content eingefügt. Sie können in verschiedenen Standardgrößen und sowohl sta-tisch als auch animiert eingesetzt werden. Während dieses Werbeformat standar-disiert, kostengünstig und mit einer hohen Verfügbarkeit an Werbeplätzen nutzbar ist, bleibt Marketern allerdings nur wenig Fläche für die Kreation, was zu ver-gleichsweise geringer Wahrnehmung und niedriger Interaktion führen kann. Die-ses Werbeformat findet vor allem Einsatz für performanceorientierte Kampagnen.

Interstitials
Eine wesentlich höhere Wahrnehmungschance erzielen vollflächige Werbemittel, sogenannte Interstitials. Hierbei wird dem Nutzer bei dem Wechsel zwischen zwei Seiten ein seitenfüllendes Werbemittel eingeblendet. Ein Interstitial lässt sich über eine Schaltfläche schließen beziehungsweise blendet sich nach einigen Sekunden automatisch wieder aus. Richtig genutzt, können Interstitials eine hohe Werbewir-kung erzielen und zur direkten Interaktion führen. Bei großflächigen Werbeforma-ten kann der Preis jedoch über dem eines Banners liegen. Darüber hinaus sollte

berücksichtigt werden, dass bei großformatigen Creatives eine hochwertige Gestaltung umso wichtiger ist. Um diesem Umstand Sorge zu tragen, hat Google Anfang 2017 dazu aufgerufen, den Nutzer durch Interstitials nicht am Einstieg in die Website zu hindern, sondern diese erst bei der tatsächlichen Nutzung zwischen zwei Seiten einzublenden. Websites, die diese Empfehlung nicht beachten, werden mit einer schlechteren Bewertung beim Suchmaschinen-Ranking abgestraft (Google 2017c).

Rich-Media

Zu den standardisierten Werbemitteln wie Bannern oder Interstitials kommt eine Vielzahl an innovativen und zumeist anbieterspezifischen Werbeformen. Diese werden marktübergreifend als Rich-Media bezeichnet, da sie meist multimedial sind und besondere Funktionalitäten des Smartphones aufgreifen. So können Marketer beispielsweise Werbemittel entwickeln, die mitscrollen, die erst durch ein Wischen über den Bildschirm erscheinen oder die sich beim Scrollen unter dem Content mitbewegen. Der Kreativität sind hierbei kaum Grenzen gesetzt. So entwickelte der Anbieter Yoc beispielsweise ein spezielles Ad-Format für den Launch des Nokia-Smartphones Lumia 800, bei dem die Oberfläche von Windows Phone auf iOS- und Android-Geräten simuliert wurde. Hierfür erhielt Yoc den begehrten Kreativ-Award der Cannes Lions (Scholz 2012). Eine Studie des BVDWs konnte belegen, dass Rich-Media-Formate zu einer signifikanten Wirkungssteigerung führen können (BVDW 2014).

Video

Ein besonders wirkungsvolles Format – gerade im Hinblick auf Branding-Kampagnen – ist mobile Videowerbung. Hier bieten sich für Marketer eine Vielzahl an Möglichkeiten für die Kreation sowie ein hohes Emotionalisierungspotenzial. Videowerbung kann als sogenannte Pre-, Mid- oder Post-Roll vor, innerhalb oder nach bestehenden Videoinhalten eingespielt werden. Diese lineare Platzierung eines Spots im eigentlichen Video wird als In-Stream-Werbung bezeichnet. Eine Platzierung des Spots losgelöst von Videoinhalten, z. B. innerhalb eines Artikels, wird als Outstream-Werbung bezeichnet. Auch wenn TV-Werbung theoretisch auch auf dem mobilen Gerät angezeigt werden kann, sollte die besondere mobile Nutzungssituation berücksichtigt werden. So sollten Videos auf Mobile im optimalen Fall im Quadrat- oder Hochformat angezeigt werden, damit Nutzer nicht dazu genötigt werden, ihr Smartphone zu drehen. Darüber hinaus sollten Videos auf Mobile möglichst kurz sein und keine 30 s, wie man es von TV-Spots gewohnt ist. Zu beachten ist ebenfalls, dass Outstream-Videos meist ohne Ton abgespielt werden – daher sind Untertitel in vielen Fällen ratsam.

Native

Während sich die hier vorgestellten Werbeformate klar vom eigentlichen Content der Website beziehungsweise App abheben und für den Nutzer auf den ersten Blick als Werbung ersichtlich sind, verschmelzen sogenannte native Werbeformate mit dem Content. Hierbei werden sowohl das Layout als auch ausgewählte Funktionalitäten des Publishers adaptiert. Als Beispiel hierfür kann Werbung bei Facebook genommen werden. In dem sozialen Netzwerk wird Werbung in Form von inhaltlichen Beiträgen innerhalb der Zeitleiste des Nutzers eingeblendet. Sie ist verknüpft mit den Funktionen von Facebook, ermöglicht die Interaktion durch Markieren mit „Gefällt mir" und der Teilen-Funktion und zeigt dem Nutzer an, welche Freunde das jeweilige Produkt mit „Gefällt mir" markiert haben. Aufgrund des Erfolgs dieses Werbeformates bei sozialen Plattformen wie Facebook, haben sie auch viele andere Anbieter ins Portfolio aufgenommen. Native Werbeformate gelten als wirkungsvoll und weniger intrusiv als klassische Banner und Interstitials. Es gilt jedoch sicherzustellen, dass auch diese Form der Werbung wie jede andere als solche deutlich gekennzeichnet ist, um durch ihre Darstellung nicht irreführend zu sein. Wird Werbung vom Nutzer als Schleichwerbung angesehen, kann es zu Reaktanzeffekten kommen.

Eine Übersicht über verfügbare Werbeformate erhalten Marketer meist auf den Websites der jeweiligen Anbieter. Einige Unternehmen bieten für die Demonstration von Werbeformaten auch eigene Apps als Showrooms. Als Beispiel hierfür kann die App „Opera Mediaworks D-A-CH Showroom" genommen werden (zugegriffen am 18.04.2017).

3.3.3 Cookies und Mobile Advertising ID

Die Wiedererkennung anonymer Nutzer ist die Grundvoraussetzung dafür, dass Inhalte und Funktionalitäten von mobilen Websites und Apps personalisiert werden können und Nutzungsanalysen zur Optimierung des Angebots möglich werden. Darüber hinaus wird die Wiedererkennung benötigt, um Werbung für den Nutzer relevanter zu machen und die Aussteuerung zu kontrollieren. So wäre es beispielsweise weder für den Konsumenten noch für den Werbetreibenden zielführend, wenn eine männliche Person wiederholt Werbung für Damenschuhe erhalten würde. Aus diesem Grund ist eine datenschutzkonforme Lösung Grundvoraussetzung für eine gute User Experience und ein funktionierendes mobiles Ökosystem.

In der Onlinewelt werden für die Wiedererkennung von Nutzern sogenannte Cookies eingesetzt. Bei Cookies handelt es sich um kleine Textdateien, die innerhalb des Browsers gespeichert werden und Informationen über den Nutzer enthalten können. Setzt die Website, auf der sich ein Nutzer aktuell befindet, ein Cookie, wird von einem First-Party-Cookie gesprochen. Setzen Dritte wie beispielsweise Analyse-Tools oder Werbetreibende ein Cookie, handelt es sich um ein Third-Party-Cookie.

Abb. 3.7 veranschaulicht, in welchen Umgebungen auf iPhone und Android First- und Third-Party-Cookies eingesetzt werden können. Die Übersicht zeigt deutlich, dass Werbetreibende weder innerhalb von Apps noch innerhalb des Safari-Browsers, der auf dem iPhone vorinstalliert ist, mit Cookies arbeiten können. Aus diesem Grund müssen alternative Formen der Wiedererkennung evaluiert werden.

Für Werbung innerhalb von Apps bieten Apple mit dem Identifier for Advertisers (Kurzform IDFA) und Google mit der Google Advertising ID (Kurzform GAID) spezielle Kennungen an. Diese ermöglichen es Werbetreibenden, Nutzer wieder zu erkennen und so Werbung gezielter auszusteuern. Die Nutzung dieser sogenannten Mobile Advertising IDs (Kurzform MAID) kann vom Nutzer über die Geräteeinstellungen deaktiviert beziehungsweise eingeschränkt werden (Optout). Dies ist eine wichtige Voraussetzung des Datenschutzes. Mobile Advertising IDs können App-übergreifend eingesetzt werden und haben eine sehr lange Lebensdauer. Aktuell bieten Apple und Google jedoch keine Lösung, um die Mobile Advertising ID aus der App-Nutzung mit den Cookies aus dem mobilen Browser zusammenzuführen.

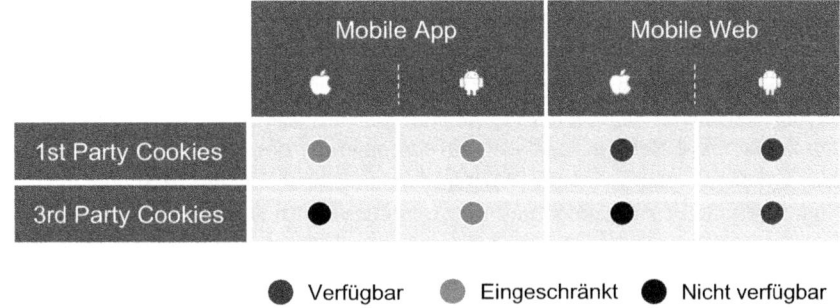

Abb. 3.7 Cookie-Restriktionen auf Mobile. (IAB 2013)

3.3.4 Landingpages

Nachdem mithilfe eines gut umgesetzten Creatives und des passenden Werbeformates das Interesse des Nutzers gewonnen wurde, gilt es ihn nach dem Klick mit weiteren Informationen zu versorgen und zur Interaktion zu verleiten. Hierfür bietet sich der Einsatz sogenannter Landingpages an, also Websites, welche innerhalb des Browsers beziehungsweise der genutzten App angezeigt werden. Entwickelt ein Unternehmen eine Landingpage, die nicht Teil der bestehenden Unternehmens-Website ist, kann diese auch als Microsite bezeichnet werden (Wikipedia 2017c). Der Einsatz von Landingpages ist vor allem beim Einsatz von kleinen Werbeformaten wie dem weit verbreiteten 6:1-Content-Ad sinnvoll, da auf dem begrenzten Format nur wenig Platz für detaillierte Informationen ist und diese Werbeformen lediglich eingesetzt werden können, um ein erstes Interesse zu wecken.

Eine Landingpage kann frei gestaltet werden und umfasst je nach Anbieter unterschiedliche Inhaltsformen. Sie kann beispielsweise eine detailliertere Beschreibung des beworbenen Produktes beinhalten und diese mit multimedialem Content wie Fotos oder Videos visuell unterstützen. Darüber hinaus kann sie direkt auf den Shop, auf die mobile Website oder auf den App Store verlinken. Sogenannte Deep Links ermöglichen es dabei, dass der Nutzer direkt auf der für ihn relevanten Unterseite der Website beziehungsweise der App landet.

Einige Anbieter ermöglichen es auch, Nutzern innerhalb der Landingpage interaktive Elemente wie Mini-Spiele anzubieten. Gut umgesetzt, können diese sogenannten Playable Ads den Nutzer binden und ein positives Markenerlebnis erzeugen.

Besonders spannend ist die Verknüpfung der Landingpage mit weiteren Funktionen des Smartphones. Die integrierte Kamera kann beispielsweise eingesetzt werden, um Selfies oder Fotos zu schießen, die dann genutzt werden können, um die Marke oder das Produkt in einer persönlichen Form zu inszenieren. Eine Verknüpfung mit installierten Social Media oder Messenger Apps erlaubt im Anschluss das direkte Teilen des selbst erstellten Contents mit dem Freundeskreis. Weitere kreative Einsatzszenarien bietet die Verknüpfung mit dem Kalender des Smartphones. So kann beispielsweise das Datum eines Filmstarts direkt eingespeichert werden. Für einen Filmfan kann dies eine hilfreiche Funktion sein und dem Werbetreibenden gibt es durch die Terminerinnerung in Form einer Push-Benachrichtigung (vgl. Abschn. 3.3.8) die Möglichkeit eines weiteren Werbekontaktes.

Für ortsbezogene Werbekampagnen – beispielsweise für lokale Händler – können auf Landingpages Informationen zur Entfernung zum nächsten Ladenlokal angezeigt werden. Interessant ist hier auch die Einbindung von Karten und die

Möglichkeit, sich direkt zu der jeweiligen Adresse navigieren zu lassen. Dank dieser Funktionalitäten können mobile Werbeformate eingesetzt werden, um Nutzer ins eigene Geschäft zu lotsen. Als besonderen Anreiz können ihnen hierbei Rabatte und Sonderangebote in Form von mobilen Coupons angeboten werden.

3.3.5   Aussteuerung und Targeting

Nach der Konzeption und der Erstellung von Werbemitteln und Landingpages, kann die Kampagne schließlich live geschaltet werden. Über die Wahl des richtigen Anbieters hinaus ist es hierbei wichtig, die passenden Targeting-Parameter auszuwählen, um die richtige Zielgruppe zu adressieren.

Wahl der Anbieter
Je nach Zielsetzung und verfügbaren Ressourcen bieten sich Marketern eine Vielzahl an Wegen an, um mobile Kampagnen umzusetzen. Wer Kampagnen selbstständig einbuchen möchte, kann dies über Programmatic Advertising (siehe Abschn. 3.3.6) tun. Darüber hinaus bieten Website- und App-Betreiber, deren Vermarkter sowie unabhängige Werbenetzwerke, sogenannte Ad Networks, ein umfangreiches Angebot, das von Branding- zu performanceorientierten Kampagnen reicht. Spezialisierte Agenturen und Beratungshäuser unterstützen Marketer bei der Auswahl der richtigen Partner und der Umsetzung der Kampagnen.

Mobile Ads bei Facebook und Google
Bei der Schaltung von Werbekampagnen über Facebook (vgl. Abschn. 3.5.3) ist Mobile als Kanal voreingestellt. Laut eigenen Angaben erzielte das soziale Netzwerk im Jahr 2016 bereits 84 % seiner Einnahmen über mobile Werbung (Facebook 2016). Auch bei Google gehört Mobile zur Voreinstellung. Wer bei Google AdWords eine Kampagne schaltet, kann diese auch für mobile Websites und Apps optimieren (Google 2017d). Bei beiden Anbietern wird man aufgefordert, das Werbemittel auch in einer mobil-fähigen Version bereitzustellen.

Targeting
Um sicherzustellen, dass Streuverluste vermieden werden und die mobilen Werbemittel auch an die richtigen Nutzer ausgeliefert werden, ist eine gezielte Zielgruppenaussteuerung, das sogenannte Targeting, notwendig. Ein Targeting umfasst die Definition von Parametern, die darüber entscheiden, welche Nutzergruppen die Kampagne erhalten sollen. Generell kann man festhalten: Je detaillierter die Zielgruppenbeschreibung und je granularer die Targeting-Einstellungen, desto effektiver

die Kampagne. Jedoch sollten stets auch die technischen Möglichkeiten sowie die Reichweite einer Kampagne im Auge behalten werden.

Je nach Anbieter stehen unterschiedliche Targeting-Möglichkeiten zur Verfügung. Abb. 3.8 zeigt die Parameter, die als Standard angesehen werden können und anbieterübergreifend einsetzbar sind. So ist es beispielsweise möglich, eine Werbekampagne explizit für iPhone-Nutzer (Endgerät) in Deutschland (Geografie) aufzusetzen und diese nur dann auszuspielen, wenn sich die Nutzer im W-LAN befinden.

Die Grundlage für ein effektives Targeting sind die dem Anbieter zur Verfügung stehenden Daten über die Nutzer. Diese unterscheiden sich je nach Anbieter und es ist empfehlenswert, stets genauere Informationen zu Herkunft und Qualität einzufordern. Ein Targeting auf Geschlecht beispielsweise setzt voraus, dass ein Anbieter diese Information zu seinen Nutzern vorliegen hat. Da diese Daten nicht immer verfügbar sind, werden sie häufig über statistische Verfahren erzeugt und sind daher nicht so zuverlässig. Detaillierte Informationen zum Thema Daten befinden sich in Abschn. 3.3.7.

Eine klassische Form des Targetings, die sich in der Onlinewerbung über die vergangenen Jahre zum Standard entwickelt hat, ist die Aussteuerung von Werbung auf

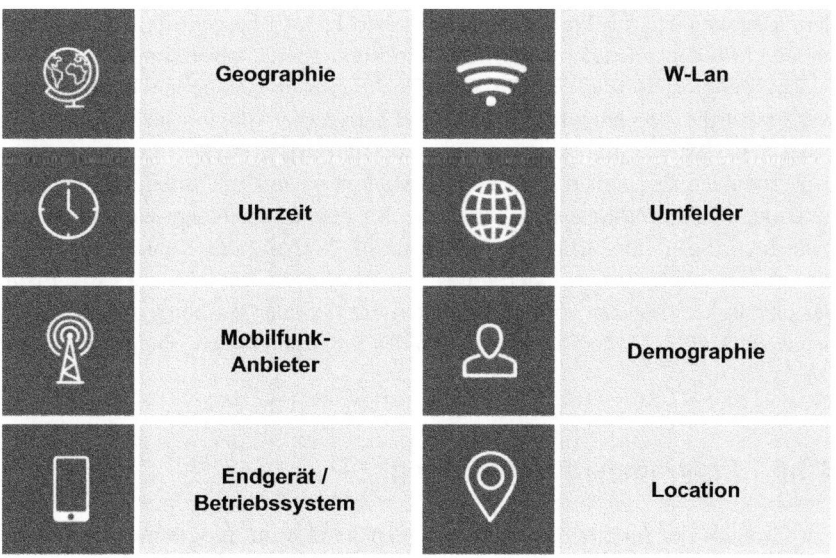

Abb. 3.8 Klassische Targeting-Parameter

Kategorien von Websites und Apps. So können laut Statistiken beispielsweise Männer eher auf Angeboten mit einem Schwerpunkt auf Sport oder Automotive erreicht und Frauen eher auf Websites und Apps zu den Themen Kochen oder Mode angesprochen werden. Diese sogenannte Umfeldplanung ist vergleichbar mit der klassischen Mediaplanung von Print und TV, bei der Werbung nur für bestimmte Sender und Sendungen beziehungsweise Magazine und Rubriken gebucht wird. Basierend auf Marktforschungen, stehen für viele Umfelder Planungsdaten über die Zuschauer beziehungsweise Leser zur Verfügung. In der digitalen Welt haben sich hier für die Planung die Digital Facts der Arbeitsgemeinschaft Online Forschung (AGOF 2017) etabliert, die auch Daten für mobile Umfelder beinhalten. Da dieser statistische Ansatz jedoch in Präzision und Zuverlässigkeit begrenzt ist, gilt heute Programmatic Advertising und der Einsatz von Nutzerdaten als Alternative. Bei programmatischer Werbung stehen nicht die Umfelder, sondern die tatsächlichen Nutzer im Zentrum der Kampagnenaussteuerung (siehe Abschn. 3.3.6).

Im Vergleich zum Targeting auf stationären Endgeräten bietet Mobile eine Vielzahl an neuen Möglichkeiten, die richtigen Nutzer im richtigen Kontext anzusprechen. So bietet beispielsweise die Berücksichtigung des aktuellen Aufenthaltsortes des Nutzers die Möglichkeit, den lokalen Kontext einer Person zu berücksichtigen. So könnte eine Kampagne für eine Sonnenschutzcreme beispielsweise nur dann ausgeliefert werden, wenn sich Nutzer in Parks oder Freibädern aufhalten und das Wetter sonnig ist. Abschn. 3.4.1 beschäftigt sich im Detail mit den Möglichkeiten des sogenannten Location-Based Advertisings.

Ein weiteres Beispiel für die Berücksichtigung des aktuellen Kontextes des Nutzers ist die App barcoo. Konsumenten nutzen die App, um im Geschäft Barcodes einzuscannen und so weiterführende und unabhängige Informationen zu den Produkten zu erhalten. Dies können Marken nutzen, um mobile Werbung auf individuelle Produkt-Scans auszusteuern. So könnte beispielsweise ein Konsument beim Scan einer Limonade im Geschäft Werbung des Konkurrenzproduktes erhalten. Aufgrund der vielfältigen Möglichkeiten, über Mobile Advertising das physische Verhalten von Konsumenten mit digitaler Werbung zu verknüpfen, nennt die Mobile Marketing Association das Smartphone den „Great Connector" (MMA 2016).

3.3.6 Programmatic Advertising

Ein Großteil der mobilen Werbekampagnen wird heute programmatisch eingekauft (Abb. 3.9). So wird für das Jahr 2017 in Deutschland ein programmatischer Anteil von 61 % bei mobiler Werbung prognostiziert (eMarketer 2016).

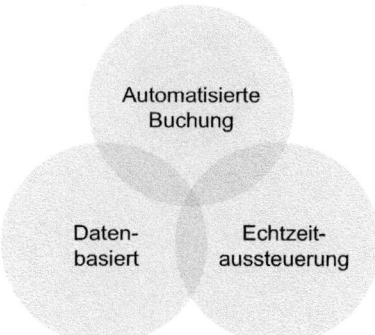

Abb. 3.9 Eigenschaften von Programmatic Advertising

Im Vergleich zur klassischen Umfeldplanung (vgl. Abschn. 3.3.5) bietet der programmatische Einkauf von Werbung, das sogenannte Programmatic Advertising, Marketern eine Vielzahl an Vorteilen. Werbekampagnen können automatisiert eingebucht werden, stellen den tatsächlichen Nutzer und seinen aktuellen Kontext in den Fokus und können in Echtzeit ausgesteuert werden (siehe Abb. 3.10).

Während die klassische Buchung von mobiler Werbung über direkte und mit Vertriebspersonen ausgehandelte Verträge mit Publishern, Vermarktern und Ad Networks stattfindet, wird die programmatische Buchung automatisiert über digitale Plattformen durchgeführt. Dies kann sowohl im Self-Service, also durch eigene Bedienung der Plattformen durch den Marketer selbst, oder über einen Managed-Service durchgeführt werden, bei dem die Dienstleistung der Buchung durch eine Agentur durchgeführt wird. Agenturen und Abteilungen, die sich auf den programmatischen Einkauf spezialisiert haben, werden häufig als sogenannte Trading Desks bezeichnet.

Die für die Buchung von Werbung durch den Marketer eingesetzten Plattformen heißen Demand-Side-Plattformen (Kurzform: DSP). DSPs kommunizieren mit dem Äquivalent auf der Seite der Publisher, den sogenannten Supply-Side-Plattformen (Kurzform: SSP). Während es das Ziel einer DSP ist, das Werbebudget möglichst effizient einzusetzen, versuchen SSPs das Inventar, also die Werbeflächen der angeschlossenen Publisher, möglichst hochpreisig zu verkaufen. Die hierbei entstehende Dynamik ist vergleichbar mit einem Marktplatz, bei denen Käufer (Demand-Side) und Verkäufer (Supply-Side) miteinander handeln. Mit dem Unterschied, dass dies bei Programmatic Advertising in Echtzeit stattfindet. Die hierfür genutzten Echtzeit-Marktplätze werden als Exchange bezeichnet.

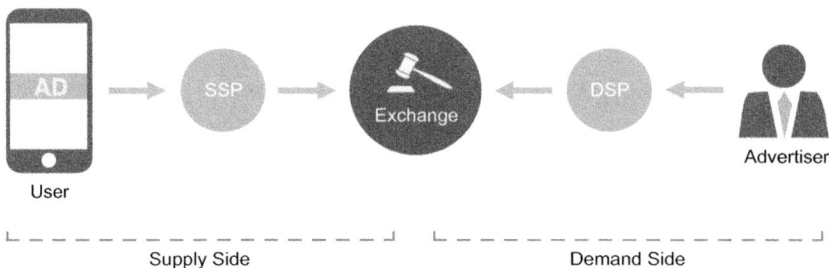

User   Supply Side   Demand Side

Abb. 3.10   Ablauf Programmatic Advertising

Die Abb. 3.10 zeigt den Ablauf einer Buchung aus Sicht des Konsumenten. Dieser nutzt eine mobile Website oder App, die eine Werbefläche beinhaltet
(links). Um diese Werbefläche des Publishers mit einer für die Person relevanten
Werbung zu füllen, wird ein Aufruf an die SSP übermittelt. Bei dieser Anfrage
nach Geboten, dem sogenannten Bid Request, werden Informationen des Nutzers
wie beispielsweise seine Mobile Advertising ID (vgl. Abschn. 3.3.5), Gerätein-
formationen und gegebenenfalls seine GPS-Location (vgl. Abschn. 3.4.1) übermittelt. Die SSP stellt diesen Bid Request über eine Exchange einer Vielzahl an
DSPs zur Verfügung und sammelt innerhalb weniger Millisekunden deren Angebote ein. Basierend auf den mitgelieferten Daten und der vom Werbetreibenden
definierten Strategie, entscheiden die DSPs, wie viel der Bid Request ihnen wert
ist. Nach erfolgreichem Abschluss der Auktion wird die DSP mit dem höchsten
Gebot über den Gewinn informiert und das hinterlegte Werbemittel an die mobile
Website beziehungsweise App übermittelt. Der gesamte Vorgang findet für den
Nutzer unbemerkt und in unter 100 ms statt.

Real-Time Bidding

Die Buchung von Werbung über das Auktionsverfahren in Echtzeit wird auch
als Real-Time-Bidding (Kurzform: RTB) bezeichnet. Die hierbei eingesetzte
Infrastruktur wird über den sogenannten OpenRTB-Standard (IAB 2017) definiert und ist auch die Grundlage von Programmatic Advertising. Doch nicht
alle Buchungen über Programmatic Advertising finden zwangsläufig über
Auktionen statt. Wer mit einem Publisher einen direkten Handel abschließt,
einen sogenannten Private Deal, kann Inventar auch zugesichert einkaufen.
Hierfür wird zwar die Infrastruktur von Programmatic Advertising eingesetzt,
jedoch findet keine offene Auktion statt. Auf Grundlage dieser Möglichkeiten
hat sich in der Branche der Begriff Programmatic Advertising gegenüber dem
Begriff Real-Time Bidding durchgesetzt.

Als populäre Beispiele für Programmatic Advertising können Google AdWords und Facebook Ads gesehen werden. Bei beiden Plattformen buchen Marketer über eine Website der Anbieter selbstständig und automatisiert Werbung ein. Zwar verzichten diese Websites in ihrer Kommunikation auf den sehr technischen Begriff DSP, jedoch handelt es sich bei beiden Beispielen per Definition um Demand-Side-Plattformen, die im Self-Service eingesetzt werden können, um Werbung einzubuchen. Die Buchung findet dabei sowohl bei Google AdWords als auch bei Facebook Ads über ein Auktionsverfahren und datenbasiert statt. Hierfür können Marketer beispielsweise angeben, wie viel Budget sie pro Tag einsetzen wollen, ob sie den Gebots-Algorithmus auf Werbeauslieferungen oder auf Interaktionen wie beispielsweise Klicks oder App-Installs optimieren wollen und was ihr Maximalgebot hierfür ist.

Wer programmatische Kampagnen über eine publisher-unabhängige DSP buchen möchte, hat die Wahl aus einer Vielzahl an Anbietern. Hierbei gibt es sowohl Mobile-Only DSPs als auch Omni-Channel DSPs, die auch Onlinewerbung unterstützen. Während Mobile-Only DSPs ihre Spezialisierung auf eine Plattform als klaren Vorteil kommunizieren, sehen Omni-Channel DSPs es als Stärke, dass Marketer ihre Kampagnen über eine Plattform auf unterschiedlichen Kanälen ausspielen können und nicht für jeden Kanal eine eigene Lösung benötigen.

Fraud

Programmatic Advertising steht seit einigen Jahren immer wieder in der Kritik, dass Werbetreibenden Transparenz und Kontrolle fehlt und der Anteil an Betrugsfällen, sogenanntem Fraud, deutlich höher ist als bei der klassischen Werbebuchung. Software-Programme, die auf Fraud spezialisiert sind, rufen Websites und Apps auf und erzeugen Werbeaufrufe und Interaktionen, ohne dass eine echte Person dahintersteckt. Führende DSPs sowie eine Vielzahl an externen Unternehmen und Plattformen bieten Lösungen, um diese Betrugsfälle zu erkennen und zu minimieren.

Als persönlichstes aller Endgeräte ist es gerade auf dem Smartphone wichtig, für den Nutzer passende und im besten Falle relevante Werbung auszuspielen. Hierfür bietet die programmatische Buchung von Werbung viele Vorteile für Werbetreibende. Neben einer hohen Reichweite sind hier vor allem die Nutzung von mobilen Daten sowie die Ausspielung der Werbung in Echtzeit zu nennen.

Als umfassende Einführung in das Thema Programmatic Advertising kann das Whitepaper des Bundesverbandes der digitalen Wirtschaft „Programmatic Advertising Kompass 2016/2017" genutzt werden (BVDW 2016a). Als Ergänzung zu diesem Whitepaper veröffentlichte die Fokusgruppe Mobile innerhalb des Verbandes das Whitepaper „Status quo: Mobile Programmatic Advertising in Deutschland" (BVDW 2016b).

3.3.7 Einsatz von Daten

Der Einsatz von Daten über Nutzer und ihren Kontext ermöglicht es, Werbekampagnen noch effektiver und bei minimalen Streuverlusten auszusteuern. Bei Programmatic Advertising (vgl. Abschn. 3.3.6) sind sie die Grundlage für die Entscheidung, wie viel ein einzelner Bid Request für einen Werbetreibenden wert ist. Hierbei kann generell unterschieden werden zwischen den Daten, die bereits im Bid Request vom Publisher mitgeliefert werden und zusätzlichen Informationen, mit denen der Bid Request angereichert werden kann.

Daten aus dem Bid Request
Publisher leiten beim Bid Request eine Vielzahl an Daten weiter, um den Wert zu erhöhen und möglichst viel Geld für die Werbeeinblendung zu erhalten. Hierbei geben sie unter anderem an, ob der Nutzer eine mobile Website oder App nutzt, welcher Kategorie dieses Umfeld zugeordnet werden kann, welches Endgerät der Nutzer einsetzt, über welchen Telekommunikationsanbieter er verbunden ist und welche demografischen Daten über ihn als Person vorliegen (unter anderem Alter, Geschlecht, Interesse). Diese von den Publishern zur Verfügung gestellten Daten können bei den meisten DSPs direkt und ohne weitere Kosten genutzt werden und eröffnen eine Vielzahl an Targeting-Möglichkeiten. Hierbei ist jedoch zu berücksichtigen, dass die Daten von den Publishern selbst angegeben wurden und ihre Validität nicht direkt überprüfbar sind.

First-, Second- und Third-Party-Daten
Als Alternative oder Ergänzung zu den vom Publisher mitgelieferten Daten, können die Bid Requests von Werbetreibenden um weitere Informationen angereichert werden. Hierbei wird zwischen First-, Second- und Third-Party-Daten unterschieden (vgl. Abb. 3.11).

Daten, die Unternehmen von eigenen Nutzern und Kunden vorliegen, werden als First-Party-Daten bezeichnet. Liegt das Einverständnis der Nutzer vor, können diese Daten für Werbekampagnen genutzt werden. Als Beispiel hierfür kann Re-Targeting gesehen werden, bei dem Nutzern beispielsweise Produkte, die sie sich zuvor in einem Onlineshop angesehen hatten, in einer Werbeanzeige wieder vorgelegt wird. Setzen Unternehmen die First-Party-Daten von anderen

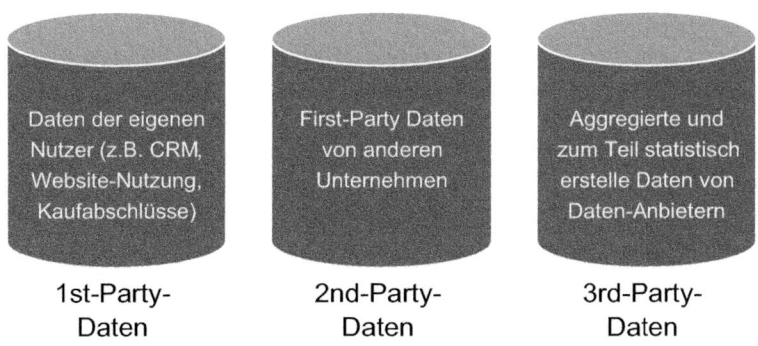

Abb. 3.11 Datenarten nach Herkunft

Unternehmen für eigene Kampagnen ein, spricht man von Second-Party-Daten. Third-Party-Daten hingegen sind aggregierte Daten von spezialisierten Datenanbietern. Während First- und Second-Party-Daten meist deterministische also direkt gemessene oder vom Nutzer angegebene Daten sind, handelt es sich bei Third-Party-Daten zumeist um statistisch erstellte, probabilistische Informationen. Die Qualität von Third-Party-Daten kann je nach Zielgruppe und Anbieter stark variieren, dafür bieten Third-Party-Daten jedoch zumeist eine hohe Reichweite. Im Vergleich dazu sind First-Party-Daten immer begrenzt auf die Nutzer, die ein Unternehmen bereits kennt.

Lookalikes

Unternehmen, die Daten von ihren bestehenden Kunden besitzen, können über spezialisierte Anbieter und Plattformen statistischen Zwillinge, sogenannte Lookalikes, bilden. Hierbei wird das Verhalten der bestehenden Kunden aus den First-Party-Daten analysiert und durch Mustererkennung weitere Nutzer identifiziert, die ein ähnliches Verhalten zeigen und möglicherweise auch an dem angebotenen Produkt des Unternehmens interessiert sein könnten. Als Beispiel hierfür kann Facebooks Lookalike Audiences gesehen werden (Facebook 2017b). Facebook vergleicht die Profile der bestehenden Nutzer mit denen anderer und stellt unter anderem durch sozio-demografische Merkmale sowie durch die Auswahl der mit „Gefällt mir" markierten Seiten Korrelationen fest. Häufig werden für die Bildung von Lookalikes Third-Party-Daten eingesetzt.

Datenmanagement
Die von Werbetreibenden für die programmatische Buchung eingesetzten DSPs bieten zumeist Zugriff auf eine Vielzahl an Daten, die für eigene Werbekampagnen eingesetzt werden können. Für das Management und die Bereitstellung eigener First-Party-Daten setzen Werbetreibende sogenannte Data Management Platforms (Kurzform: DMP) ein. Über diese DMPs direkt oder über separate Marktplätze, sogenannte Data Exchanges, können zusätzliche Daten auf spezialisierten Marktplätzen eingekauft werden.

Dynamic Creative Optimization
Aktuell werden Daten bei programmatischen Kampagnen vor allem für das Targeting sowie für die Erfolgsmessung eingesetzt. Sie bieten allerdings auch ein enormes Potenzial für die Personalisierung von Werbemitteln. Während bei klassischer Werbung, beispielsweise bei TV-Spots, meist ein Werbemittel für alle Zielgruppen erstellt wird, können programmatische Kampagnen dank der Nutzung von Daten für unterschiedliche Teilsegmente eingesetzt werden. Besonders spannend für die Kreation ist hierbei die Einbindung von dynamischen Daten wie beispielsweise Uhrzeit, Wetter oder Location. So könnte beispielsweise ein Werbemittel eines Reiseunternehmens für einen Strandurlaub die aktuelle Temperatur anzeigen und nur bei schlechtem Wetter an die Nutzer ausgeliefert werden. Die dynamische Anpassung des Werbemittels wird als Dynamic Creative Optimization (Kurzform: DCO) bezeichnet (Wikipedia 2017d).

3.3.8 Werbewirkung und -akzeptanz

Auch wenn Mobile die Mediennutzung heute dominiert (vgl. Abschn. 1.4) und sich wie in diesem Abschnitt vorgestellt eine Vielzahl an Möglichkeiten bieten, um Nutzer mit kreativen Werbeformaten anzusprechen, sind Marketer häufig zurückhaltend bei der Allokation ihrer Werbebudgets. Von den von der Mobile Marketing Association empfohlenen 12–20 % (Stuart 2016) des gesamten Marketingbudgets, sind die mobilen Werbeausgaben heute noch entfernt. Zu den Hauptgründen hierfür zählen für werbetreibende Unternehmen erhöhte Datenschutzbedenken bei Konsumenten, fehlende Metriken, fehlendes internes Knowhow sowie fehlende mobil-optimierte Website und Content (WARC 2016). Dazu besteht bei vielen Werbetreibenden eine generelle Skepsis gegenüber der Wirkung und Akzeptanz mobiler Werbung.

Klickrate

Vergleicht man direkt messbare Kennzahlen wie die Klickrate, die sogenannte Click-Through-Rate (Kurzform CTR), liegt die Performance von mobiler Werbung in den meisten Fällen vor der von Onlinewerbung. Die Advertising Plattform Adform beispielsweise stellt in einer eigenen Auswertung bis zu 145 % höhere Klickraten als bei vergleichbaren Online-Werbemitteln fest (Adform 2015). Dieser Wert ist vergleichbar mit denen aus anderen veröffentlichten Studien. Zu berücksichtigen gilt hier jedoch, dass es beim Smartphone durch die Touchscreen-Bedienung eher zu versehentlichen Klicks kommen kann als bei Onlinewerbung. Dieser von einigen in der Branche als „Wurstfinger-Effekt" bezeichnete Effekt kann je nach Werbemittel und Umfeld theoretisch bis zu 60 % der Klicks betreffen (Barton 2016).

Die Klickraten auf dem Smartphone variieren je nach genutztem Werbeformat. So liegt laut Mobile Advertising Plattform Splicky die durchschnittliche Rate für klassische Banner bei 0,6 % und für Interstitials bei 3,3 %. Native Werbeformate erreichen durchschnittlich sogar 3,9 % (Ramisch 2015). Diese Varianz zeigt, wie wichtig die Wahl des richtigen Formates für die eigene Kampagne ist (vgl. Abschn. 3.3.2).

Werbewirkung

Auch wenn die Analyse der Klickraten ein Indikator für die Wirkung mobiler Werbung ist, liefert sie keinerlei verwertbare Aussagen zur Wirkung von branding-orientierter Werbung. Werbemittel, die auf den oberen Teil des Funnels (vgl. Abschn. 3.3.1) abzielen und Konsumenten auf eine Marke oder ein Produkt aufmerksam machen sollen, können auch ohne eine Interaktion durch den Nutzer sehr erfolgreich sein.

Zur Messung dieser Werbewirkung bietet die Marktforschung eine Vielzahl an Lösungen an. So können Nutzer beispielsweise nach Werbekontakt zu einer Befragung auf ihrem mobilen Endgerät eingeladen werden, in der sie zur Erinnerung an das Werbemittel sowie zu Markenbekanntheit, Image und Kaufintention befragt werden. Im Vergleich mit einer Kontrollgruppe, bei der vergleichbare Nutzer ohne Werbekontakt vergleichbare Fragen erhalten, können so Veränderungen festgestellt werden. Der sogenannte Uplift, also der Unterschied zwischen Kampagnen- und Kontrollgruppe, ermöglicht eine Aussage über den Kampagnenerfolg und ist besonders im direkten Vergleich mit anderen Werbekampagnen aufschlussreich.

In einer Studie eines internationalen Marktforschungsinstituts, bei der die Ergebnisse von über 2000 Online- und Mobile-Kampagnen miteinander verglichen wurden, zeigen die Ergebnisse ein enormes Potenzial für mobile Branding-Werbung

(Walley 2013). Alle abgefragten Indikatoren, von Markenbekanntheit bis Kaufintention, sind für Mobile um ein Vielfaches höher als für Online. So liegt die Werbeerinnerung bei mobilen Werbeformaten beispielsweise bei durchschnittlich 19,9 %, während sie Online lediglich 4,2 % erreicht.

Eine in Diskussionen häufig angebrachte Skepsis gegenüber mobiler Werbung ist die im Vergleich zum stationären Desktop-Computer geringe Größe des Bildschirms. Jedoch berücksichtigt diese Kritik nicht, dass das Smartphone etwa 10–20 cm vom Gesicht entfernt gehalten wird und somit die relative Größe eines großformatigen Fernsehers hat. Dazu kommt der Vorteil der Exklusivität: Während Werbung auf Websites häufig mit einer Vielzahl an anderen Anzeigen um die Aufmerksamkeit des Nutzers buhlt, ist auf dem Smartphone meist nur eine Anzeige je Bildschirmansicht sichtbar.

Werbeakzeptanz

Gerade dadurch, dass mobile Websites und Apps in den Anfangsjahren von Mobile noch komplett ohne beziehungsweise mit zu anderen Medien vergleichbar wenig Werbung nutzbar waren, stößt die steigende Werbemenge auf mobilen Medien bei vielen Nutzern auf Ablehnung. In einer Nutzerbefragung gaben 65 % der Nutzer an, Werbeeinblendung auf dem Smartphone als sehr störend wahrzunehmen (Nordlight Research 2015).

Doch stellt man diese Zahlen in den direkten Vergleich mit denen klassischer Medien, relativiert sich die Aussage. Laut einer Studie zur Werbeakzeptanz nach Medienkanal (Statista 2014) liegt die Zahl derjenigen, die Onlinewerbung als störend empfinden, wesentlich höher als bei mobiler Werbung. Spitzenreiter in der negativen Bewertung ist dieser Studie nach TV-Werbung. Generell ist davon auszugehen, dass eine direkte Befragung nach der Akzeptanz von Werbung in den seltensten Fällen positive Ergebnisse erzielen wird und ihre Aussagekraft daher infrage gestellt werden kann.

Ad-Blocker auf Mobile

Die steigende Zahl der installierten Ad-Blocker ist ein Indiz dafür, dass Nutzer versuchen, Werbung auch auf dem Smartphone zu vermeiden. Jedoch liegt hier die Verbreitung in Deutschland laut Anbieter PageFair mit einem Prozent noch weit hinter der von Online, die mit 29 % fast ein Drittel der Nutzer umfasst (Cortland 2017). Ad-Blocker Apps können auf iPhone und Android eingesetzt werden. Sie filtern die Werbung entweder innerhalb des genutzten Browsers oder fungieren selbst als Browser. Innerhalb von bestehenden Apps wird aktuell keine Werbung geblockt.

Dennoch gilt festzuhalten, dass das Smartphone als persönlichstes aller Endgeräte (vgl. Abschn. 1.5) ein hohes Maß an Sensibilität von werbetreibenden Unternehmen erfordert. Werbeformate dürfen nicht zu aufdringlich sein und müssen den besonderen Kontext der mobilen Nutzung berücksichtigen. Aus diesem Grund haben Anbieter von mobiler Werbung zunehmend native Werbeformate und sogenannte Non-Intrusive Ads in ihrem Portfolio. So bietet das Mobile-Advertising-Unternehmen YOC beispielsweise unter dem Produktnamen „Understitial" ein Interstitial-Format (vgl. Abschn. 3.3.2), bei dem sich ein Video unter den Content der mobilen Website beziehungsweise der App legt und erst beim Scrollen ganz erkennbar ist (Adzine 2015). Als weiteres Beispiel kann das TrueView-Format von YouTube gesehen werden, bei dem Werbeclips nach fünf Sekunden beendet werden können, sodass sich Nutzer nur die Werbung anschauen müssen, die für sie relevant ist (Thinkwithgoogle 2016).

3.4 Proximity Marketing

Das Smartphone ist zu unserem allgegenwärtigen Begleiter geworden und unterstützt uns in vielen Lebenssituation. Durch seine Ubiquität ist es besonders interessant für Marketingaktivitäten vor Ort und somit auch am Point-of-Sales. Konsumenten tragen beim Einkaufen ihr mobiles Endgerät immer mit sich, sie suchen nach Angeboten, vergleichen Preise, scannen Barcodes und bewerten Produkte und Geschäfte. Marketingaktivitäten, die sich besonders durch den Bezug zum aktuellen Aufenthaltsort auszeichnen, werden als Proximity Marketing (BVDW 2016c) bezeichnet.

Auf den lokalen Handel bezogen, kann Proximity Marketing in drei Bereiche (vgl. Abb. 3.12) eingeteilt werden: Marketingmaßnahmen im Einzugsgebiet beziehungsweise in der direkten Umgebung von Geschäften, innerhalb des Point-of-Sales und in unmittelbarer Nähe zu einem Touchpoint, beispielsweise der Kasse. Maßnahmen in der Umgebung von Geschäften können als Location-Based Marketing bezeichnet werden. Sie zielen vor allem darauf ab, Kunden auf ein Geschäft oder Angebot aufmerksam zu machen und sie zu einem Besuch zu motivieren. Marketingmaßnahmen im Laden, beispielsweise über die Beacon-Technologie, und am eigentlichen Touchpoint, beispielsweise über QR-Code oder NFC, haben hingegen das Ziel, ein optimales Nutzungserlebnis zu schaffen und so die Kunden zufriedenzustellen und den Abverkauf zu steigern.

Abb. 3.12 Dimensionen
von Proximity Marketing

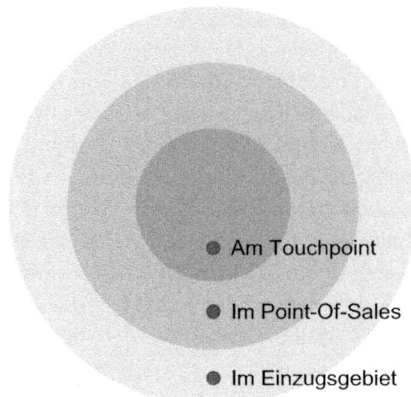

3.4.1 Location-Based Marketing

Eine der Besonderheiten von Mobile Marketing im Vergleich zu klassischem
Online-Marketing ist, dass Angebote auf den lokalen Kontext von Nutzern optimiert werden können. Als Location-Based Services werden Websites und Apps
bezeichnet, die dem Nutzer Dienste und Informationen in Abhängigkeit von ihrer
Location, also dem aktuellen Aufenthaltsort, bieten. Location-Based Advertising
hingegen ermöglicht es, dass die Location Einfluss auf die Werbung hat, die Konsumenten auf dem Smartphone erhalten. Für beide Disziplinen wird die GPS-
Ortung des Smartphone eingesetzt.

GPS
Die Grundvoraussetzung für Location-Based Marketing ist, dass dem Unternehmen die Information über den aktuellen Aufenthaltsort des Nutzers zur Verfügung steht. Während hierfür in der Onlinewelt die sehr ungenaue Analyse der
IP-Adresse eingesetzt wird (Wikipedia 2017e), steht bei Smartphones die über
einen eingebauten Sensor ermittelten GPS-Koordinaten zur Verfügung. Während
die Analyse der IP-Adresse im besten Falle für eine Ortung auf Stadt- oder PLZ-
Basis ermöglicht, kann GPS einen Nutzer auf bis zu 5–10 m lokalisieren.

GPS steht für Global Positioning System und wurde in den 1970er-Jahren vom
US-Verteidigungssystem entwickelt und später für die zivile Nutzung freigege-
ben (Wikipedia 2017f). Ein im Smartphone integrierter GPS-Empfänger erhält
Funksignale von einer Vielzahl an sendenden Satelliten und berechnet durch ihre
Entfernung seine aktuelle Position. Bei diesem Verfahren findet keine beidseitige

Kommunikation mit den Satelliten statt. Während die Technologie im Freien mit einer hohen Zuverlässigkeit funktioniert, kann es bei der Ortung innerhalb von Gebäuden zu Beeinträchtigungen kommen.

Location-Based Services

Mobile Websites, die mit dem Aufenthaltsort der Nutzer arbeiten wollen, müssen diese bei jeder Nutzung über ein Dialogfenster erfragen. Als Beispiel hierfür kann die Browser-Variante von Google Maps gesehen werden. Bei Apps hingegen wird der Nutzer bei der Installation über den App Store (Android) beziehungsweise bei der ersten Nutzung (iOS) einmalig nach seinem Einverständnis gefragt. Nach der Erteilung dieser, darf die App die Location des Nutzers ermitteln und für ihr Angebot nutzen. Je nach Konfiguration ist dieses entweder ausschließlich bei aktiver Nutzung der App oder auch im Hintergrund ohne aktive Nutzung möglich.

In Deutschland lassen 48 % der Mobile-Nutzer eine Ortung durch GPS häufig bis immer zu (Statista 2015). Diese Zahl unterscheidet sich je nach Zielgruppe und genutztem Service. Apps und mobile Websites, zu denen Nutzer eine Vertrauensbeziehung haben und bei denen die Nutzung der Location einen offensichtlichen Mehrwert bietet, haben wesentlich höhere Zustimmungsraten.

Ob Empfehlungsdienste wie AroundMe, Navigationsdienste wie Google Maps und Taxi-Bestellservices wie MyTaxi – Location-Based Services ermöglichen dem Nutzer ein auf sie und ihren aktuellen lokalen Kontext zugeschnittenes Angebot. Ein besonders erfolgreiches Beispiel für ortsbezogene Dienste ist das Spiel Pokémon Go von Nintendo: Spieler bewegen sich in der physischen Welt, um an bestimmten Orten über ihr Smartphone Objekte zu sammeln, Monster zu fangen oder gegen andere Spieler anzutreten. Das Spiel verbreitete sich binnen kürzester Zeit und brach alle Download-Rekorde der App Stores.

Location-Based Advertising

Wie in Abschn. 3.3 vorgestellt, bietet Mobile Advertising eine Vielzahl an Möglichkeiten, Konsumenten auf dem Smartphone mit Werbung anzusprechen. Der Einsatz von Location-Based Advertising ermöglicht es hierbei, dass Werbung auf den aktuellen Kontext von Zielgruppen optimiert werden kann. So können beispielsweise Studierende an der Universität eine andere Werbung erhalten als Geschäftsreisende am Flughafen.

Die verbreitetste Form beim Location-Based Advertising ist das Targeting auf eine festgelegte Liste an definierten Orte, beispielsweise Universitäten, Veranstaltungsorte oder Geschäftslokale. Bei diesem sogenannten Geofencing wird ein Zielort durch seine Koordinaten – angegeben in Breitengraden (Latitude) und Höhengraden (Longitude) – sowie durch einen Radius definiert. Bei einigen

Anbietern ist es auch möglich, anstelle eines Radius den genauen Umriss eines Gebäudes, sogenannte Location Shapes, zu nutzen. Personen, die sich innerhalb der definierten Geofences aufhalten und eine mobile Website beziehungsweise eine App mit Werbeflächen nutzen, können hier speziell für ihren lokalen Kontext ausgerichtete Werbemittel erhalten. Wer den Nutzer aktiv ansprechen möchte, muss entweder SMS-Anbieter (vgl. Abschn. 3.6.1) nutzen oder mit Push-Benachrichtigungen arbeiten (vgl. Abschn. 3.2.8). Beide Varianten setzen jedoch die Kontaktdaten und die Einwilligung des Nutzers voraus.

Geofencing wird vor allem vom lokalen Handel eingesetzt, um Passanten zum Besuch eines Ladenlokales zu motivieren. Bei diesen sogenannten Mobile-to-Store-Kampagnen werden Personen häufig mit Sonderangeboten und Rabatten angesprochen. Diese können sie dann im Geschäft beispielsweise über eine Kennnummer oder einen QR-Code (vgl. Abschn. 3.4.3) einlösen. Über diesen Weg können Unternehmen den Erfolg ihrer Marketingmaßnahmen direkt messen. Voraussetzung hierfür ist jedoch, dass das Kassensystem den Einsatz von mobilen Coupons erlaubt und das Personal geschult ist.

Auch Google und Facebook bieten Marketern die Möglichkeit, Werbung in Abhängigkeit des lokalen Kontextes von Nutzern auszusteuern. Mit Facebooks Local Awareness Ads beispielsweise können Unternehmen Personen im Einzugsgebiet ihrer Point-of-Sales ansprechen und sie über eine integrierte Karte direkt zu ihrem Ladengeschäft navigieren (Facebook 2017c).

Der Aufenthaltsort eines Nutzers kann jedoch auch für Werbekampagnen eingesetzt werden, dessen Kommunikationsziel nicht an den Aufenthaltsort des Nutzers gebunden ist, sondern sich vielmehr an seinem Kontext orientiert. So können Werbetreibende beispielsweise während eines Fußballspiels ein Targeting auf Stadien, Fanmeilen und Sportbars vornehmen, um Sportfans im Moment der Fußball-Begeisterung anzusprechen. Für dieses Targeting auf den lokalen Kontext und die Mobile Moments von Nutzern können auch weitere, dynamische Daten wie beispielsweise Wetter, Veranstaltungen oder Verkehrslage hinzugenommen werden. So könnte ein Anbieter für Sonnenschutzcreme beispielsweise Werbung auf Parks, Seen und Freibäder in Abhängigkeit der Temperaturen aussteuern.

Die Nutzung von Location-Daten im historischen Kontext ermöglicht es werbetreibenden Unternehmen, Insights aus dem physischen Verhalten von Nutzern zu gewinnen und Werbekampagnen daraufhin anzupassen. Ein Konsument, der häufig am Fitnessstudio geortet wurde, könnte Zielgruppe für ein Nahrungsergänzungsangebot sein. Wer häufig am Spielplatz oder Kindergarten geortet wird, könnte ein Elternteil sein. Die Restaurantkette Subway setzte diese Herangehensweise ein, um das mobile Verhalten von Millionen von Fast-Food-Konsumenten zu analysieren und sie dann im entscheidenden Mobile Moment anzusprechen

(Adsquare 2017). Laut eigener Aussage, konnten so innerhalb des Kampagnen-
zeitraums von 30 Tagen über 260.000 zusätzliche Besuche generiert werden

3.4.2 Beacons

Wie in Abschn. 3.4.1 beschrieben, kann die Lokalisierung von Nutzern über GPS
eingesetzt werden, um Konsumenten in der Umgebung von bestimmten Orten anzusprechen. Die Technologie stößt allerdings an ihre Grenzen, wenn es darum geht,
festzustellen, ob ein Konsument tatsächlich im Ladengeschäft ist und in welchem
Gang er sich beispielsweise aufhält. Hier können sogenannte Beacons eingesetzt
werden, die eine metergenaue Ortung auch innerhalb von Gebäuden ermöglichen.

Bei Beacons handelt es sich um kleine Sender, die unter anderem innerhalb
eines Ladengeschäfts befestigt werden können. In regelmäßigen Abständen fun-
ken Beacons über den Bluetooth-Low-Energy-Standard (Kurzform: BLE) ihre
eigene Kennung. Die Reichweite hierfür kann je nach Anbieter bis zu 80 m betra-
gen. Ähnlich wie bei GPS-Satelliten kann das Smartphone diese Signale über
einen speziellen Empfänger einfangen und auswerten. Voraussetzung hierfür ist
jedoch die Installation einer speziellen App, die Einwilligung durch den Nutzer
sowie die Aktivierung von Bluetooth auf dem Smartphone. Für die Ortung auf bis
zu einem Meter Genauigkeit und für granulare Bewegungsdaten, benötigt die App
Signale von mindestens drei Beacons.

iBeacon vs. Eddystone

Sowohl Apple als auch Google bieten eigene Standards für Beacons. Apples
Protokoll läuft unter dem Markennamen „iBeacon" und Googles Lösung unter
dem Namen „Eddystone". Grundsätzlich sind die Lösungen vergleichbar und
können beide sowohl von iOS (ab Version 7) als auch von Android (ab Version 4.3) genutzt werden. Einer der großen Unterschiede ist, dass iBeacon eine
proprietäre Lösung ist, während Eddystone als Open Source entwickelt wurde.

Die Beacon-Technologie kann unter anderem für die Navigation innerhalb von
Gebäuden, der sogenannten Indoor-Navigation, eingesetzt werden. So können
Nutzer beispielsweise innerhalb eines Baumarktes ein spezielles Produkt oder
innerhalb einer Shopping Mall ein bestimmtes Ladengeschäft ausfindig machen
und sich dorthin leiten lassen. Richtig umgesetzt, ermöglichen Beacons eine
direktere und vom hyperlokalen Kontext abhängige Kommunikation zwischen
Unternehmen und Kunden. So können beispielsweise personalisierte Empfehlun-
gen oder Rabatte ausgesprochen werden.

In einem Großversuch testete der San Francisco Airport die Technologie, um ein Navigationssystem für Blinde zu etablieren (Lowensohn 2014). Insgesamt verbaute der Flughafen 300 Beacons, um die notwendige Abdeckung zu erzielen. Die Beacons kosteten nach eigener Aussage 20 US$ je Stück und die erwartete Batterielaufzeit lag bei vier Jahren. Über eine spezielle App konnten sich die Blinden direkt zu ihrem Gate oder zu bestimmten Geschäften navigieren lassen. Ein Beispiel von vielen, bei denen Beacons den Nutzern einen Mehrwert bieten konnten.

Beacons erlauben eine Vielzahl an neuen Möglichkeiten für das lokale Marketing und sind ein gutes Modell dafür, wie Smartphones zum Bindeglied zwischen physischer und digitaler Welt werden. Es gilt jedoch zu berücksichtigen, dass über Beacons ausschließlich die Konsumenten angesprochen werden können, die bereits zur weiteren Kundschaft gehören und die benötigte App des Unternehmens heruntergeladen haben.

Während sich Location-Based Advertising eher dazu eignet, neue Kunden zu gewinnen und Konsumenten auf Angebote aufmerksam zu machen, zielen Beacon-Konzepte darauf ab, den Kunden innerhalb des Geschäftes eine optimale Nutzungserfahrung zu geben, ihn zufriedenzustellen und auf für ihn passende Angebote aufmerksam zu machen.

3.4.3 QR-Codes

Bei Quick Response Codes (Kurzform: QR-Codes) handelt es sich um zweidimensionale Grafiken, die mit dafür vorgesehenen Apps auf dem Smartphone abgescannt werden können und eine vordefinierte Website aufrufen. Diese simple Technologie ermöglicht es, ohne großen Aufwand eine Verbindung zwischen physischen Objekten wie beispielsweise Visitenkarten, Verpackungen, Plakaten oder Preisschildern und digitalem Content zu schaffen. Als Beispiel für einen QR-Code-Leser kann die App barcoo genommen werden.

Der Einsatz von QR-Codes für Mobile Marketing kann heute bereits auf eine lange Historie zurückschauen. Als das Magazin Spex im Jahr 2007 einen QR-Code mit dem Untertitel „Was sagt uns dieser Code?" auf dem Cover veröffentlichte, galt die Technologie als besondere Innovation. Doch während der QR-Code sich vor allem im asiatischen Raum schon früh zu einem Standard etablieren konnte, sind Mobile-Nutzer in Deutschland bei der Nutzung auch heute noch sehr zurückhaltend. Laut einer repräsentativen Konsumentenstudie aus dem Jahr 2014 haben zwar 99 % der Befragten schon einmal QR-Codes gesehen, jedoch gaben nur drei Prozent an, diese auch regelmäßig zu nutzen (Skopos

2014). In vielen Fällen ist es für Nutzer einfacher, eine Unternehmensseite über eine Suchmaschine oder direkt über die URL aufzurufen, als erst eine Scan-App zu starten und den QR-Code abzufotografieren.

QR-Codes können mit einem der vielen kostenlosen QR-Code-Generatoren wie beispielsweise www.qrcode-generator.de (zugegriffen am 27.04.2017) einfach selber erstellt werden. Hierfür müssen Marketer lediglich die gewünschte URL einfügen und schon erhalten sie den generierten Code in Form einer Grafik. Da die Informationen in einem Code dreifach redundant hinterlegt sind, können QR-Codes grafisch verfremdet werden, ohne dass die Funktionsfähigkeit beeinträchtigt wird. So ist es beispielsweise möglich, das Firmenlogo in einen QR-Code zu integrieren oder die Farben an das Design der Marke anzupassen.

QR-Codes finden heute häufig auch Einsatz beim Ticketing und beim Couponing. So können beispielsweise an den meisten Flughäfen sowie auf Bahnfahrten mobile Tickets über Lesegeräte vom Smartphone abgescannt werden. Auch für das Einlösen von mobilen Coupons, die Nutzer beispielsweise über Location-Based Advertising (vgl. Abschn. 3.4.1) erhalten, können QR-Codes eingesetzt werden.

Mit der Einführung der sogenannten Snapcodes führte die Social-Media-App Snapchat (vgl. Abschn. 3.5) ein dem QR-Code sehr ähnliches Verfahren ein. Nutzer können sich ihren persönlichen Snapcode erstellen und sich über einen Scan mit anderen Nutzern verknüpfen. Der Erfolg der Snapcodes zeigt, dass die grundsätzliche Idee von mobilen Codes auch von jüngeren Zielgruppen wie selbstverständlich eingesetzt wird. Auch die Musik-Streaming-Plattform Spotify folgte dem neuen Trend und entwickelte ein eigenes Code-Format für den Scan von Songs (Garun 2017).

Auch wenn QR-Codes zum Antiquariat von Mobile Marketing zählen und Konsumenten in Deutschland sehr zurückhaltend bei der Nutzung sind, bietet die Technologie einen einfachen Weg, um die physische und digitale Welt miteinander zu verbinden und Nutzern am Point-of-Sales ein optimales Einkaufserlebnis zu bieten. Experten zufolge wird die Nutzung von QR-Codes durch die Einführung von Nahfeldtechnologien wie NFC (vgl. Abschn. 3.4.4) jedoch rückläufig sein.

3.4.4 NFC

Das Smartphone wird von seinen Nutzern immer häufiger auch am eigentlich Touchpoint, beispielsweise an der Kasse, eingesetzt. So können Kunden heute schon an vielen Orten mit dem Smartphone bezahlen, Coupons einlösen oder

Bonuspunkte sammeln. Um das Nutzungserlebnis für den Kunden möglichst angenehm zu gestalten, können hierfür sogenannte Nahfeldtechnologien wie die weit verbreitete Near-Field-Communication (Kurzform: NFC) eingesetzt werden. Für die Nutzung von NFC benötigen Konsumenten ein Smartphone mit integriertem NFC-Leser. Dieser ist zumeist auf der Rückseite des Smartphones integriert und kann gegen sogenannte NFC-Tags gehalten werden. Ohne die Notwendigkeit einer speziellen App erkennt das Smartphone durch dieses sogenannte „Tappen" automatisch die hinterlegte Funktionalität des jeweiligen NFC-Tags und ermöglicht so eine einfache und schnelle Nutzung. Aktuell unterstützen alle Smartphones mit Android-, Windows- oder Blackberry-Betriebssystem diese Technologie. Zwar wurde auch das iPhone ab Version 6 mit einem NFC-Leser ausgestattet, jedoch ist dies bislang nur für Apple Pay (vgl. Abschn. 3.4.5) in ausgewählten Ländern einsetzbar.

Ob für die Bezahlung über das Smartphone, das Sammeln von Bonuspunkten, das Abscannen eines Tickets, oder das Einholen von Informationen zu Produkten – NFC kann vielseitig eingesetzt werden und gibt Marketern neue Möglichkeiten, mit ihren Kunden zu interagieren. Viele Unternehmen konnten bereits erste Erfahrungen mit Nahfeldtechnologien sammeln. So führte beispielsweise das Taxi-Unternehmen Uber 2014 eine Kampagne durch, bei der sie Bierdeckel mit NFC-Chip und QR-Code in über 100 Londoner Pubs auslegten. Gäste, die ihr Smartphone an den NFC-Chip hielten beziehungsweise den QR-Code einscannten, konnten sich die App des Anbieters herunterladen und einen Rabatt auf ihre erste Fahrt sichern. Die Conversion-Rate der Marketingaktion war laut Uber beeindruckend: 76 % der Gäste, die mit dem Bierdeckel interagierten, meldeten sich auch tatsächlich bei Uber an. Besonders interessant: Das Verhältnis von NFC zu QR-Code betrug hierbei 4:1 (BVDW 2016c).

3.4.5 Mobile Payment

Ob der Cappuccino im Lieblingscafé, die Bestellung im Fast-Food-Restaurant oder das Ticket für die Bahn: Die Bezahlung über das Smartphone, das sogenannte Mobile Payment, ist für Konsumenten besonders komfortabel. Hierfür kommen sowohl spezielle Apps der jeweiligen Anbieter, als auch Nahfeldtechnologien wie QR-Codes (vgl. Abschn. 3.4.3) oder NFC (vgl. Abschn. 3.4.4) zum Einsatz. Anstatt mit Bargeld zu bezahlen oder eine Bankkarte mit PIN beziehungsweise Unterschrift zu nutzen, reicht beim Smartphone oftmals ein Tap für die Bestätigung des Bezahlvorgangs. Experten gehen daher davon aus, dass das Smartphone eines Tages zum Mobile Wallet wird und das Portemonnaie komplett ersetzt (PwC 2013). Eine Entwicklung, die heute schon absehbar, jedoch nur mit Einschränkungen schon in der Realität spürbar ist.

Bei aller Euphorie über die theoretischen Möglichkeiten, sind die Händler in Deutschland noch vergleichsweise zurückhaltend. Ein Grund hierfür ist die Heterogenität bei den Anbietern. So haben sowohl die führenden Smartphone-Hersteller wie Apple, Samsung oder Google als auch Telefonanbieter und Banken eigene mobile Bezahllösungen entwickelt. Dazu kommt, dass die Kassensysteme häufig veraltet sind und die Aufrüstung für Händler ein teures Unterfangen wäre – nicht zu vergessen die notwendige Schulung der Mitarbeiter. Besonders die Zurückhaltung von Apple bei der Integration von NFC wird häufig als Grund dafür genannt, dass sich Nahfeldtechnologie noch nicht im Massenmarkt etabliert hat.

Auch Konsumenten sind bei allen sich ihnen bietenden Vorteilen noch zurückhaltend. Laut Studie (Bitkom 2016) haben erst rund ein Drittel der Nutzer mit dem mobilen Gerät bezahlt beziehungsweise können es sich vorstellen, dies zukünftig zu tun. Zu den Gründen für den Verzicht zählen neben Unwissenheit vor allem Datenschutz- und Sicherheitsbedenken. Während die Bezahlung über Bargeld zu 100 % anonym ist, kann durch die Bezahlung über das Smartphone ein tief greifendes Profil von Nutzern erstellt werden. Dazu kommt die Abhängigkeit von dem Endgerät und seiner eingeschränkten Batterielaufzeit. Ein weiterer Grund ist die in Deutschland vergleichsweise geringe Verbreitung von Kreditkarten, die für viele Mobile-Payment-Ansätze Grundvoraussetzung ist. Während in Ländern wie der USA die Bezahlung über Kreditkarten sowohl bei Konsumenten als auch bei Anbietern zum Standard gehört, ist die Akzeptanz in Deutschland bis heute noch vergleichsweise niedrig.

In Deutschland hat sich mit 8,5 Mio. Nutzern vor allem die App des Kundenbindungsprogramms Payback bei vielen Konsumenten etabliert (Schneider 2016). Zwar diente die App bisher ausschließlich der Funktion, Punkte einzulösen, mit Payback Pay können Kunden jedoch seit 2016 bei Aral, dm, Galeria Kaufhof, Real, Alnatura und weitere teilnehmende Händler auch ihre Einkäufe über die App zahlen. Auch wenn einige Händler bereits den Bezahlprozess über NFC ermöglichen, steht bei Payback Pay die Bezahlung über einen dynamisch erzeugten QR-Code im Zentrum. Die Abbuchung bei Payback findet über das SEPA-Lastschriftverfahren statt, die Nutzung ist somit auch ohne Kreditkarte möglich.

Der lang erwartete und für 2017 angekündigte flächendeckende Start von Apple Pay und Android Pay in Deutschland soll laut Experten das Thema Mobile Payment endgültig etablieren (Klotz 2017). Grund hierfür ist vor allem die Verbreitung von iPhone- und Android-Smartphones und die einfache Integration. Jedoch gilt hier zu berücksichtigen, dass beide Ansätze vor allem auf Bezahlung über Kreditkarte setzen.

3.5   Mobile Social Media und Content

Soziale Netzwerke und Messenger-Dienste dominieren die mobile Nutzung (vgl. Abschn. 1.8). So verbringen deutsche Smartphone-Nutzer durchschnittlich 38 % (GfK 2015) ihrer mobilen Zeit damit, über Facebook, WhatsApp, Snapchat und andere Plattformen Erlebtes und Inhalte zu teilen, sich Nachrichten zu schicken und sich in Gruppen und Communities auszutauschen. Für das Marketing ermöglicht dies viele neue Formen mit Konsumenten in Kontakt zu treten, Beziehungen aufzubauen und Teil der neuen Medienrealität zu werden. Für Unternehmen ist es daher heute unverzichtbar, auf diesen Plattformen vertreten zu sein.

Bei Social Media nimmt das Smartphone eine zentrale Rolle ein: Auf Facebook, Twitter und Instagram überwiegt die mobile Nutzung und viele der neuen sozialen Netzwerke wie Snapchat, Instagram oder Musical.ly, die sogenannten New Platforms, sind ausschließlich auf Mobile verfügbar. Anfang 2017 betrug der Anteil der mobilen Nutzung bei Social Media in Deutschland bereits über 83 % (Bernschneider 2017). Wer seine Zielgruppe auf sozialen Netzwerken erreichen möchte, benötigt daher eine Social-Media-Strategie, in der das Smartphone im Zentrum steht. Hierzu gehört die Erstellung von Social-Media-Seiten, das Erstellen und Posten von Content und das Schalten von Werbekampagnen innerhalb der Netzwerke.

3.5.1   Social-Media-Seiten

Soziale Netzwerke bieten Unternehmen über eigene Seiten die Möglichkeit, eine direkte Beziehung mit Konsumenten einzugehen und in ihrem mobilen Alltag stattzufinden. Die inhaltlichen Gestaltungsmöglichkeiten sind hierbei von den jeweiligen Plattformen abhängig: Während Twitter lediglich 120 Zeichen Beschreibungstext erlaubt, sind bei Facebook oder LinkedIn weitaus längere Texte sowie die Einbindung von Kontaktinformationen, Bildern und Videos möglich. Ein eigenes Profil ist die Grundvoraussetzung dafür, dass ein Unternehmen innerhalb eines sozialen Netzwerks gefunden werden und mit anderen Nutzern interagieren kann. Für einige Unternehmen ersetzt die Social-Media-Seite mittlerweile sogar die eigene Website.

Zwar sind die Gestaltungsmöglichkeiten im Hinblick auf Layout und Inhalte begrenzt, dafür können Nutzer eine Seite mit „Gefällt mir" markieren (Facebook) und so Updates des Unternehmens abonnieren. Einige deutsche Unternehmensprofile haben mittlerweile auf Facebook bis zu 70 Mio. sogenannte Fans und damit eine enorm hohe Reichweite (vgl. Abb. 3.13). Während Besucher einer

Abb. 3.13 Top
5 der deutschen
Unternehmensprofile auf
Facebook nach Anzahl
Fans. (Socialranks 2017)

Unternehmen	Anzahl Fans
McDonald's Deutschland	70.615.529
FC Bayern München	41.847.919
Nutella Deutschland	31.884.864
Adidas Originals	30.013.921
Volkswagen	29.775.470

Website anonym sind und nicht direkt kontaktiert werden können, sind Nutzer von sozialen Netzwerken direkt adressierbar. Darüber hinaus können sie durch das Teilen von Updates eines Unternehmens zu Markenbotschaftern werden und so für eine höhere Reichweite sorgen. Ein weiterer wichtiger Aspekt ist, dass Unternehmen die Profile und das Verhalten von Fans auswerten können und die gewonnenen Insights für die Optimierung ihrer Kommunikation einsetzen können.

Facebook bietet Unternehmen mehrere Call-to-Action-Buttons für ihr Profil. Über die „Gefällt mir"-, „Abonnieren"- und „Teilen"-Funktion hinaus kann beispielsweise die eigene App oder der Onlineshop verlinkt werden. Außerdem ist es möglich, Nachrichten über den integrierten Facebook Messenger direkt an das Unternehmen zu schicken (vgl. Abschn. 3.6.2). Als Beispiel kann hier die Facebook-Seite von Zalando genommen werden.

Bei allen Vorteilen von sozialen Netzwerken für Unternehmen gilt es zu beachten, dass das Pflegen der Profile, die Erstellung von Content und das Auswerten und Optimieren von Posts sehr ressourcenintensiv ist. Besonders die direkte Reaktion auf Nachrichten und Nutzerkommentare stellt Unternehmen vor neue Herausforderungen und Bedarf einer nachhaltigen Strategie. Wer nicht schnell genug und in der richtigen Tonalität antwortet, riskiert, dass seine eigene Reichweite negative Auswirkungen auf das Unternehmen haben kann. Für das Management und die Analyse der eigenen Social-Media-Aktivitäten sind am Markt eine Vielzahl an Tools verfügbar. Darüber hinaus unterstützen spezialisierte Agenturen bei der Konzeption und Pflege von Unternehmensseiten.

3.5.2   Posts und Mobile Content

Der wahre Wert von sozialen Netzwerken zeigt sich in der Möglichkeit, Neuigkeiten und Inhalte in Form von sogenannten Posts zu teilen. Nutzer, die Updates
eines Unternehmens abonniert haben, erhalten diese zusammen mit den Posts
ihrer Freunde, Bekannten und Kollegen in ihrer Update-Übersicht, der sogenannten Timeline. Je mehr Abonnenten ein Unternehmensprofil hat, desto höher die
Reichweite.

Das Posten von Inhalten ermöglicht es Unternehmen, Konsumenten zu informieren, Einblicke hinter die Kulissen zu gewähren und zum Teil einer Commu-
nity zu werden. Hierbei besteht die Herausforderung vor allem darin, die Art der
Inhalte und die Tonalität auf die Zielgruppe und die jeweilige Plattform abzustim-
men, ohne dabei die Markenidentität zu gefährden. Ein besonders seriöses Unternehmen sollte auch auf Plattformen wie Facebook eine gewisse seriöse Tonalität
einhalten. Im Zentrum sollte bei der Wahl des Contents und der Gestaltung der
Posts daher stets die Authentizität des Unternehmens stehen.

Die Arten von Content sind vielfältig und bieten gerade auf Mobile viel Spiel-
raum für Kreativität. So können Infografiken, Ratgeber, Making-ofs, Podcasts
oder sogar Spiele gepostet werden. Neben den klassischen Formaten wie Texten,
Verlinkungen und Bildern bieten vor allem Videos ein großes Potenzial für Unternehmen, ihre Marken auf dem Smartphone in Szene zu setzen und zu emotio-
nalisieren. Hierzu bieten sich auf Video spezialisierte Plattformen wie YouTube,
Vimeo oder Snapchat an. Aber auch klassische soziale Netzwerke wie Facebook,
Instagram oder Twitter unterstützen die Einbindung unterschiedlichster Videoformate.

Mobile Video-Kreation

Bei der Erstellung von Videos für Mobile sollte beachtet werden, dass sie in
der Timeline der Nutzer meist nur kurz auftauchen und so das Interesse der
Nutzer innerhalb der ersten Sekunden wecken müssen. Darüber hinaus ist es
empfehlenswert, mit Untertiteln zu arbeiten, da Videos in der Timeline der
Nutzer häufig direkt im Auto-Play ohne Sound starten. Auch wenn Videos im
aus TV-Produktionen bekannten horizontalen Format auf Mobile gut funktionieren, empfiehlt es sich heute, Videos speziell für Mobile und Social Media
zu produzieren. Im Quadrat- oder im horizontalen Format erstellte Videos
erlauben ein Abspielen in voller Größe, ohne dass der Nutzer das Smartphone
drehen muss. Darüber hinaus können speziell produzierte Videos einen Call-
for-Action wie beispielsweise die Aufforderungen zum Klicken des „Gefällt
mir"-Buttons oder zum Herunterladen einer App enthalten.

Besonders aufmerksamkeitsstark sind Live-Videos, durch die Nutzer an besonderen Momenten unmittelbar teilhaben können. So können beispielsweise Pres-
sekonferenzen, Produktveröffentlichungen, Interviews oder Sportereignisse über
das Unternehmensprofil übertragen werden. Bei Nutzern steigert diese Form des
Contents die Aufmerksamkeit, da sie befürchten, ein wichtiges Ereignis zu verpassen. Über Live-Kommentare können sie an dem Geschehen aktiv teilhaben
und in manchen Fällen sogar den Verlauf des Events interaktiv beeinflussen.

Ein weiteres spannendes Content-Format sind 360-Grad-Videos, die es Nutzern ermöglichen, in eine Szene einzutauchen und selbst zu bestimmen, aus welchem Blickwinkel sie die Aufnahme sehen möchten. Beispiele hierfür können
Konzertaufnahmen, Hotelanlagen oder Filmszenen sein. 360-Grad-Videos werden bei Facebook und YouTube so dargestellt, dass Nutzer durch das Bewegen
des Smartphones im Raum den Winkel der Kamera ändern können. Gerade in
Verbindung mit Virtual-Reality-Brillen kann dieses Nutzungserlebnis besonders
intensiv sein.

Viele Plattformen bieten auch das von Snapchat eingeführte Format der sogenannten Stories an: Über den Tagesverlauf werden mehrere kurze Videoaufnahmen erstellt und in einer kurzen Geschichte zusammengeschnitten. Beispiele
hierfür können ein Festivalbesuch, ein Fußballspiel oder einfach ein Tagesablauf
aus dem Alltag sein. Auch dieses Format kann von Marketern genutzt werden, um
Konsumenten noch näher am Unternehmen sein zu lassen.

Als Reaktion auf die wachsende Bedeutung von Content für Social Media
veröffentlichte Apple Anfang 2017 die App Clips (Apple 2017b). Die kostenlose
App ermöglicht es Nutzern, Fotos und Videos aufzunehmen, Untertitel zu erstellen, Effekte einzusetzen und kurze Videozusammenschnitte zu erstellen. Nach der
Kreation können die Clips direkt an Freunde geschickt oder über soziale Netze
wie Instagram, Facebook, YouTube oder Vimeo geteilt werden. Die Entwicklung
ist eine Reaktion auf die verschiedenen Filtermöglichkeiten der unterschiedlichen
Plattformen. Vor allem Snapchat hat durch die Einführung von Bildschirmmasken
einen wahrhaften Trend bei Nutzern ausgelöst.

Hashtag

Die Nutzung von Hashtags wurde vor allem durch öffentliche soziale Netzwerke wie Twitter und Instagram populär. Nutzer können hier ihre Posts durch
die Nutzung des #-Zeichens thematisch zuordnen. So sind Posts nicht nur für
ihre Abonnenten sichtbar, sondern auch für alle, die nach dem jeweiligen Hashtag suchen. Mit dem Hashtag „#jesuisparis" beispielsweise markierten alle
Nutzer Posts zu dem Terroranschlag von Paris. Twitter veröffentlicht regelmäßig eine Übersicht über die erfolgreichsten Hashtags (Henderson 2015).

Wer es schafft, guten Content über soziale Netzwerke zu veröffentlichen, wird mit einer hohen Reichweite und Interaktion durch die Nutzer belohnt. Besonders gute Inhalte, die den aktuellen Zeitgeist treffen, werden von Nutzern geteilt und können so einen viralen Effekt haben. Aus diesem Grund wird Werbung heute häufig nicht mehr als direkt erkennbare Werbung für eine Marke kreiert, sondern als für die Konsumenten relevanter Content. Eine besondere Rolle spielen bei der Verbreitung besonders reichweitenstarke Nutzer, sogenannte Influencer. Wer es schafft, Influencer dazu zu bringen, den eigenen Content zu teilen, erhöht seine Reichweite um ein Vielfaches.

3.5.3   Social Media Ads

Um seine bestehende, organische Reichweite auf sozialen Netzen zu erhöhen und weitere Zielgruppen anzusprechen, bieten alle größeren Plattformen Werbemöglichkeiten für Unternehmen. Für die Schaltung von Kampagnen können Marketer hierbei entweder direkt über das Unternehmensprofil oder über einen speziellen Zugang für Werbetreibende gehen. Die Buchung findet im Self-Service statt und orientiert sich bei allen Plattformen an den Grundlagen von Programmatic Advertising (vgl. Abschn. 3.3.6).

Kampagnen auf Social Media sind besonders effektiv, da die Werbung in dem gleichen Format wie inhaltliche Posts dargestellt wird und sich innerhalb der Updates von Freunden, Bekannten und Kollegen einreiht. Dieses sogenannte Native Advertising (vgl. Abschn. 3.3.2) lässt Werbung als relevanter Content erscheinen und kann von Nutzern mit „Gefällt mir" markiert, kommentiert oder geteilt werden. Da sozialen Netzwerken eine hohe Dichte und Qualität an Daten über ihre Nutzer zur Verfügung stehen, kann Werbung präzise auf die jeweilige Zielgruppe ausgesteuert werden. Eine genauere Erläuterung des Buchungsprozesses bei Social Media am Beispiel einer App-Marketing-Kampagne befindet sich in Abschn. 3.2.6.

Die einfachste und verbreitetste Form von Social Media Ads ist der sogenannte Sponsored Post. Hierfür wird ein existierendes Update des Unternehmensprofils nicht nur an die direkten Abonnenten ausgeliefert, sondern zusätzlich auch an die ausgewählte Zielgruppe. Je nach genutzter Plattform bieten sich Unternehmen eine Vielzahl an unterschiedlichen Werbeformaten. So bietet Facebook beispielsweise mit dem Karussel-Ad ein Format, über das mehrere Bilder in einer Anzeige platziert werden können. Der Nutzer kann durch Swipen die unterschiedlichen Bilder durchsehen und danach entscheiden, ob er den Call-to-Action wahrnimmt. Das Karussel-Ad kann beispielsweise für die Darstellung unterschiedlicher Produkte im Mobile Shop oder unterschiedlicher Fotos eines Hotels genutzt werden.

Für Marken bieten besonders die Videoformate spannende Möglichkeiten, ihre Zielgruppe mit Werbung auf Social Media anzusprechen und ihre Markenwahrnehmung zu beeinflussen. YouTube bietet hierfür beispielsweise mit TrueView ein Format, das auf die mobile Nutzungssituation ausgelegt ist. So können Werbeclips nach fünf Sekunden vom Nutzer beendet werden. Werbetreibende zahlen nur dann, wenn ein Video vollständig geschaut wurde.

Über die klassischen Werbeclips hinaus, bietet die Videoplattform Snapchat Werbetreibenden die Option, eigene Bildschirmmasken, sogenannte Sponsored Lenses, zu erstellen. So wurde für den Filmstart von X-MEN Apocalypse beispielsweise Masken der Filmcharaktere erstellt, die sich Nutzer für ihre Aufnahmen digital aufsetzen konnten. Laut eigener Aussage der Plattform wurden die Masken über 251 Mio. genutzt (Snapchat 2017). Besonders in der jungen Zielgruppe hat Snapchat eine hohe Reichweite.

Werbung über soziale Netze bietet Unternehmen einen effektiven Weg, ihre Zielgruppe bei der mobilen Nutzung anzusprechen. Laut einer Industriestudie (WARC 2016) nutzen in Europa bereits 97 % aller Marken und Agenturen die Werbemöglichkeiten von Facebook. YouTube, Instagram und Twitter liegen bei 68–75 %. Mit lediglich 16 % belegt die noch junge Plattform Snapchat aktuell noch einen der hinteren Ränge.

3.6 Mobile Messaging

Die direkte Kommunikation auf dem Mobiltelefon wurde viele Jahre durch den Versand von SMS und MMS geprägt. Im Zeitalter von Smartphones und Messaging-Diensten wie Facebook Messenger oder WhatsApp wird diese Technologie zwar zunehmend ersetzt, die grundsätzlichen Abläufe sind aber vergleichbar (vgl. Abschn. 1.8). Auch für die Kommunikation zwischen Konsument und Unternehmen nehmen Messaging-Dienste eine immer wichtigere Rolle ein. Hier können sogenannte Chatbots dabei helfen, den Kundenservice zu entlasten und Prozesse zu automatisieren. Die hierfür eingesetzte künstliche Intelligenz findet, wie in Abschn. 1.9 beschrieben, auch bei Personal Assistants Einsatz. Ein spannendes neues Feld für die Unternehmenskommunikation.

3.6.1 SMS/MMS

Auch wenn persönliche Nachrichten auf dem Smartphone heute vor allem über Messenger-Dienste versendet werden, können SMS (Short Messaging Service) und MMS (Multi-Media Messaging Service) nach wie vor effektive Instrumente innerhalb der Kundenkommunikation darstellen. So werden laut eigener Aussage des Anbieters Telefónica Next 97 % der mobilen Nachrichten innerhalb von fünf Sekunden geöffnet (Telefonica Next 2017). Während bei der SMS lediglich Textnachrichten versendet werden können, bietet die MMS zusätzlich die Integration von multimedialen Inhalten wie beispielsweise Bildern oder Links an.

Bei SMS/MMS-Marketing wird generell zwischen reaktivem Versand (Pull) und proaktivem Versand (Push) unterschieden. Bei Pull-Maßnahmen schicken Konsumenten eine SMS an eine vorgegebene Service-Nummer und erhalten als Antwort Informationen oder Dienstleistungen des Unternehmens. Bei Push-Maßnahmen hingegen sendet ein Unternehmen Nachrichten proaktiv an seine Zielgruppe. Hierfür muss jedoch nicht nur die Mobilfunknummer der Nutzer bekannt sein, es wird auch ihre explizite Einwilligung (Opt-in) für den Erhalt der Nachrichten vorausgesetzt.

Doch SMS/MMS können nicht nur für die Kommunikation mit bestehenden Kontakten eingesetzt werden, sondern über spezialisierte Anbieter auch für Werbemaßnahmen. So können Marketer beispielsweise über den Anbieter Telefónica Next über drei Millionen Mobilfunknutzer mit Werbenachrichten ansprechen. Bei der Zielgruppe handelt es sich um Kunden, die über das o2-More-Local-Programm explizit dem Erhalt von SMS/MMS mit Werbung zugestimmt haben, um so besondere – vor allem ortsbezogene – Angebote zu erhalten. Da Telefónica mit seinem Telekommunikationsanbieter o2 über den Aufenthaltsort der Mobilfunknutzer verfügt, kann so die Werbung auf den aktuellen lokalen Kontext maßgeschneidert werden (vgl. Abschn. 3.4.1). So nutzte beispielsweise Zalando das Angebot, um Konsumenten innerhalb des Einzugsgebiets auf den neuen Outlet Store in Köln aufmerksam zu machen. Beim Vorzeigen der SMS/MMS erhielten die Besucher 20 % Rabatt an der Kasse.

3.6.2   Messenger und Chatbots

Messenger-Dienste wie WhatsApp oder Facebook Messenger verbinden Millionen Menschen weltweit und ermöglichen es ihnen schnell und komfortabel, sich direkt oder in Gruppen auszutauschen. Wie in Abschn. 1.8 vorgestellt, werden diese Plattformen auch für Unternehmen immer wichtiger. Vorbild ist hier die chinesische App WeChat, über die bereits heute Millionen von Nutzer vor allem im asiatischen Raum mit Unternehmen interagieren. Sie nutzen über den Messenger den Kundenservice, buchen Hotels, kaufen Produkte und überweisen Geld. So haben Messenger wie WeChat bereits in vielen Bereichen die Hotline, die Website oder die eigene App in der Nutzung überholt.

Aber auch in der westlichen Welt sind Messenger für Unternehmen bereits relevant. So sind von den insgesamt 65 Mio. Facebook-Seiten bereits 20 Mio. auch über den Messenger (Firsching 2017) erreichbar. Konsumenten können somit über Chatfunktionen Kontakt zu Unternehmen aufnehmen. Hierbei ist ihre Erwartungshaltung wie bei einem Chat mit Freunden: Sie wollen am liebsten 24 h am Tag und ohne lange Wartezeit Antworten auf ihre Fragen erhalten. Da Kundensupport-Teams für diese Aufgabe gerade bei reichweitenstarken Unternehmen eine große Kostenstelle sind, setzen diese zunehmend auf sogenannte Chatbots.

Chatbots sind intelligente Programme, die automatisiert Unterhaltungen mit Menschen simulieren. Sie stellen dem Nutzer Fragen, analysieren die Schlüsselwörter und Semantik der Antworten und versuchen bestmöglich zu antworten. Hierfür arbeiten sie mit Skripten und definierten Listen an Schlüsselwörtern. Mit jeder Anfrage lernen Chatbots und werden so mit der Zeit immer besser. Besonders interessant wird dies für Nutzer, wenn Chatbots über viele Informationen über sie verfügen und so Antworten personalisieren können.

Auf der Entwicklerkonferenz F8 im April 2017 – genau ein Jahr nach dem Launch der „Bots for Messenger" – verkündete Facebook, dass bereits 100.000 Chatbots aktiv sind (Firsching 2017). Auch viele deutsche Unternehmen betreiben mittlerweile eigene Chatbots. So hat die Lufthansa beispielsweise unter dem Facebook-Messenger-Profil „Lufthansa Best Price" den Chatbot Mildred entwickelt. Wie der Name des Profils schon verrät, hilft Mildred Nutzern dabei, den günstigsten Preis für ihren Lufthansa-Flug zu finden. Mildred spricht sowohl Deutsch als auch Englisch und kann Orte über den jeweiligen Kontext erkennen. Eine Anfrage nach „eine Reise zum Eifelturm" beispielsweise wird von ihr als Flug vom nächstgelegenen Flughafen nach Paris gedeutet. Eine Flugbuchung über den Chatbot ist bisher jedoch noch nicht möglich.

Wie bei den meisten Chatbots wurde auch bei Mildred die künstliche Intelligenz nicht komplett neu entwickelt. Der Chatbot der Lufthansa basiert auf Facebooks hauseigenem Framework Wit.AI (Rentz 2016). Weitere populäre Plattformen sind zum Beispiel das Microsoft Bot Framework sowie API.ai.

Das Berliner Start-up chatShopper bietet mit dem Chatbot Emma einen persönlichen Shopping-Assistenten. Nach einer Anfrage, beispielsweise nach Schuhen, liefert Emma in der Karussell-Ansicht mehrere Optionen aus der Datenbank. Die Suche kann durch eine Spezifizierung beispielsweise der Farbe oder der Größe eingeschränkt werden. Der eigentliche Kaufprozess findet dann per Weiterleitung über einen Partner statt.

Da die Kommunikation über Social Media und Messenger auch mit Unternehmen für Konsumenten immer selbstverständlicher wird, sollten Marketer die Nutzung eines eigenen Chatbots in jedem Fall validieren. Doch auch wenn die künstliche Intelligenz immer besser wird und Chatbots sich mit der Zeit optimieren, ersetzen sie in naher Zukunft keinen vollwertigen Kundenservice. Sie sind eher als Ergänzung bestehender digitaler Dienstleistungen zu verstehen und können beispielsweise als interaktive FAQ, Wissensdatenbank, Suchmaschine, Buchungssystem oder Umfragetool eingesetzt werden. Chatbots sollten immer transparent machen, dass es sich um ein Programm handelt und sich kein echter Mensch hinter der Unterhaltung verbirgt.

3.6.3 Personal Assistants

Besonders interessant wird künstliche Intelligenz für Nutzer, wenn sie nicht mehr nur für ein bestimmtes Angebot nutzbar ist, sondern anbieterübergreifend als eigene Plattform agiert. Bei diesem Konzept der sogenannten Personal Assistants (vgl. Abschn. 1.9) können Nutzer im Dialog mit einer künstlichen Intelligenz auf Informationen zugreifen und Services in Anspruch nehmen, für die sie bisher Websites, Apps oder die Hotline des Kundenservice genutzt hätten. Als Anbieter sind hier vor allem Apples Siri, Googles Assistant, Amazons Alexa, Facebooks M und Microsofts Cortana zu nennen.

Amazons Sprachassistent Alexa ist unter anderem über das hauseigene Heimsystem Amazon Echo verfügbar, mit dem Nutzer frei im Raum und ohne die Nutzung eines Bildschirms über Sprache interagieren können. Über eigene Programme, sogenannte Skills, können Unternehmen den Funktionsumfang von Alexa erweitern und so den Konsumenten ihre Informationen und Dienstleistungen anbieten. Hierfür bietet Amazon mit dem Alexa Skills Kit ein Framework für Entwickler an, das nach eigener Aussage bereits von mehr als 10.000 Unternehmen eingesetzt wird (Amazon 2017b).

In den USA gehören zu den meistgenutzten Alexa Skills die Unternehmen Uber, Dominos und 1–800-Flowers (Täubrich 2017). Auch in Deutschland bieten bereits eine Vielzahl an Unternehmen ihre Dienstleistungen über Alexa an. Hierzu zählen Deutsche Bahn, MyTaxi, Lieferando, BVG, Gelbe Seiten oder HSV (Amazon 2017a). Über die Skills der Deutschen Bahn (Deutsche Bahn 2017) beispielsweise, können Nutzer Informationen zu Verbindungen, Ankünften oder Abfahrten erhalten. Gestartet wird dieses Skill über den Sprachbefehl „Alexa, starte Deutsche Bahn" oder direkt in eine Frage eingebettet: „Alexa, frage Deutsche Bahn wann ein Zug von Frankfurt nach Berlin fährt". Generell können Anfragen entweder direkt oder im Dialog gestellt werden (Täubrich 2017).

Wie bei allen innovativen Technologien empfiehlt es sich, selbst zum Nutzer zu werden und Sprachassistenten im Alltag einzusetzen. Als Nutzer wird man feststellen, dass der Einsatz von Personal Assistants vor allem dann sinnvoll ist, wenn sie den Alltag vereinfachen und einfache Aufgaben übernehmen. Das Erfolgsrezept der Single-Purpose Apps (vgl. Abschn. 3.2.1) gilt somit auch für Skills, jedoch in einer noch reduzierteren Form. Wer es schafft, ein Themengebiet wie beispielsweise Wetter, Verkehr, Fußballergebnisse oder Kochrezepte für sich zu besetzen, kann über Personal Assistants zum direkten Ansprechpartner für eine wachsende Anzahl an Konsumenten werden.

Literatur

Adform. 2015. Digital advertising benchmark report. http://blog.adform.com/press-releases/adform-announces-1hy-2015-digital-advertising-benchmark-report/. Zugegriffen: 20. Apr. 2017.

Adsquare. 2017. Subway, S4M and adsquare leverage real-time location–based targeting for award-winning campaign (04.01.2017). http://www.adsquare.com/subway-adsquare-and-s4m-leverage-real-time-location-based-targeting-for-award-winning-campaign/. Zugegriffen: 28. Apr. 2017.

Adzine. 2015. YOC stellt neues Mobile Video-Ad-Format vor (04.09.2015). https://www.adzine.de/2015/09/Yoc-stellt-neues-mobile-video-ad-format-vor/. Zugegriffen: 20. Apr. 2017.

AGOF. 2017. Die aktuelle Studie digital facts. https://www.agof.de/studien/digital-facts/aktuelle-studie/. Zugegriffen: 19. Apr. 2017.

Amazon. 2017a. Alexa Skills. https://www.amazon.de/b?node=10068460031. Zugegriffen: 26. Apr. 2017.

Amazon. 2017b. Alexa Skills Kit in Deutschland. https://developer.amazon.com/de-de/alexa-skills-kit. Zugegriffen: 26. Apr. 2017.

Apple. 2017a. Apple developer program. https://developer.apple.com/programs/whats-included/. Zugegriffen: 17. Mai 2017.

Apple. 2017b. Clips: Alle lieben deine Videos. https://www.apple.com/de/clips/. Zugegriffen: 26. Apr. 2017.

AppsFlyer. 2016. The state of app engagement. https://www.appsflyer.com/resources/the-state-of-app-engagement-h2-2016/. Zugegriffen: 24. März 2017.

AppsFlyer. 2017. The AppsFlyer performance index. http://index.appsflyer.com/. Zugegriffen: 25. März 2017.

Barton, Julian. 2016. Beware the fat finger (03.02.2016). http://mobileadvertisingwatch.com/beware-the-fat-finger-new-retale-survey-suggests-60-percent-of-all-mobile-banner-ad-clicks-are-mistakes-22045. Zugegriffen: 20. Apr. 2017.

Bernschneider, Peter. 2017. Die Multi-Plattform Landschaft in Deutschland (15.06.2017). http://www.comscore.com/ger/Insights/Presentations-and-Whitepapers/2017/Die-Multi-Plattform-Landschaft-in-Deutschland. Zugegriffen: 18. Juni 2017.

Bitkom. 2016. Bezahlen mit dem Smartphone funktioniert, aber kaum jemand weiß wie (05.04.2016). https://www.bitkom.org/Presse/Presseinformation/Bezahlen-mit-dem-Smartphone-funktioniert-aber-kaum-jemand-weiss-wie.html.

Braun, Herbert. 2017. Kommentar zu Google AMP: Der goldene Käfig (17.03.2017). https://www.heise.de/newsticker/meldung/Kommentar-zu-Google-AMP-Der-goldene-Kaefig-3657037.html. Zugegriffen: 30. Juni 2017.

BVDW. 2014. MAC Studie: Rich Media erzeugt signifikante Wirkungssteigerung bei Mobile-Display-Werbung (04.09.2014). http://www.bvdw.org/medien/mac-studie-rich-media-erzeugt-signifikante-wirkungssteigerungen-bei-mobile-display-werbung?media=6038. Zugegriffen: 21. Mai 2017.

BVDW. 2016a. Programmatic advertising kompass 2016/2017 (25.08.2016). http://www.bvdw.org/medien/programmatic-advertising-kompass-2016-2017?media=8024. Zugegriffen: 18. Juni 2017.

BVDW. 2016b. BVDW-Whitepaper schafft übergreifendes Verständnis für Mobile Programmatic Advertising (21.04.2016). http://www.bvdw.org/medien/bvdw-whitepaper-schafft-uebergreifendes-verstaendnis-fuer-mobile-programmatic-advertising?media=7666. Zugegriffen: 6. Febr. 2017.

BVDW. 2016c. Leitfaden: Proximity Solutions (09.09.2016). http://www.bvdw.org/medien/leitfaden-proximity-solutions?media=8087. Zugegriffen: 25. Apr. 2017.

Cortland, Matthew. 2017. Adblock report (01.02.2017). https://pagefair.com/blog/2017/adblockreport/. Zugegriffen: 20. Apr. 2017.

Deutsche Bahn. 2017. Reiseauskunft für zu Hause mit Amazon Alexa. https://www.bahn.de/p/view/service/fahrplaene/amazon-echo.shtml. Zugegriffen: 26. Apr. 2017.

eMarketer. 2016. Germany's advertisers turn to mobile programmatic (27.09.2016). https://www.emarketer.com/Article/Germanys-Advertisers-Turn-Mobile-Programmatic/1014528. Zugegriffen: 6. Febr. 2017.

Facebook. 2016. Facebook reports third quarter 2016 results (02.11.2016). https://investor.fb.com/investor-news/press-release-details/2016/Facebook-Reports-third-Quarter-2016-Results/default.aspx. Zugegriffen: 19. Apr. 2017.

Facebook. 2017a. Facebook-SDK für App Ads. https://developers.facebook.com/docs/app-ads/sdk. Zugegriffen: 25. März 2017.

Facebook. 2017b. Lookalike audiences. https://de-de.facebook.com/business/a/lookalike-audiences. Zugegriffen: 2. März 2017.

Facebook. 2017c. Local awareness ads. https://www.facebook.com/business/learn/facebook-create-ad-local-awareness. Zugegriffen: 24. Apr. 2017.

Facebook. 2017d. Werbeanzeigenmanager. https://www.facebook.com/ads/manager/. Zugegriffen: 25. März 2017.

Fiksu. 2016. Cost per Install (CPI) Index: Januar 2016. https://fiksu.com/fiksu-indexes/fiksu-indexes-for-january-2016/. Zugegriffen: 30. Juni 2017.

Firsching, Jan. 2017. Facebook Messenger auf der F8: 100.000 Messenger Bots greifen mobile Webseiten an (20.04.2017). http://www.futurebiz.de/artikel/f8-messenger-facebook-messenger-bots-statistiken/. Zugegriffen: 26. Apr. 2017.

Floemer, Andreas. 2015. Android First: Facebook-Mitarbeiter müssen ihr iPhone zuhause lassen (03.11.2015). http://t3n.de/news/facebook-fuer-android-pflicht-652860/. Zugegriffen: 28. Aug. 2016.

Funk, Petra. 2014. Kleinkinder und Touchscreen-Nutzer haben ähnliche Bewegungsmuster (05.03.2014). http://www.ingenieur.de/Themen/Forschung/Kleinkinder-Touchscreen-Nutzer-aehnliche-Bewegungsmuster. Zugegriffen: 24. März 2017.

Garun, Natt. 2017. Spotify adds QR-like codes for quick music sharing (05.05.2017). https://www.theverge.com/2017/5/5/15562198/spotify-scannable-codes-music-sharing-mobile. Zugegriffen: 5. Juni 2017.

GfK. 2015. GfK crossmedia link Germany (November 2015). http://www.gfk.com/de/produkte-a-z/crossmedia-link/. Zugegriffen: 5. Juni 2017.

Gillner. 2017. Google launcht Version 2 von "Test My Site" (29.06.2017). http://www.internetworld.de/onlinemarketing/google/google-launcht-version-2-test-mysite-1232159.html. Zugegriffen: 30. Juni 2017.

Google. 2012. What users want most from mobile sites today (September 2012). https://www.thinkwithgoogle.com/intl/en-gb/research-studies/what-users-want-most-from-mobile-sites-today.html. Zugegriffen: 3. Sept. 2016.

Google. 2015a. Building for the next moment (Mai 2015). https://adwords.googleblog.com/2015/05/building-for-next-moment.html. Zugegriffen: 3. Sept. 2016.

Google. 2015b. Rolling out mobile-friendly update (21.04.2015). https://webmasters.googleblog.com/2015/04/rolling-out-mobile-friendly-update.html. Zugegriffen: 3. Sept. 2016.

Google. 2015c. Mobile app marketing insights: How consumers really find and use your apps (Mai 2015). https://www.thinkwithgoogle.com/articles/mobile-app-marketing-insights.html. Zugegriffen: 29. Jan. 2017.

Google. 2016. Mobile friendly websites. https://developers.google.com/webmasters/mobile-sites/. Zugegriffen: 4. Sept. 2016.

Google. 2017a. In-app billing availability & transaction fees. https://support.google.com/googleplay/android-developer/answer/1153481. Zugegriffen: 17. Mai 2017.

Google. 2017b. Universelle App-Kampagnen. https://support.google.com/adwords/answer/6247380. Zugegriffen: 17. Mai 2017.

Google. 2017c. Helping users easily access content on mobile (10.01.2017). https://webmasters.googleblog.com/2016/08/helping-users-easily-access-content-on.html. Zugegriffen: 7. März 2017.

Google. 2017d. Google adWords. https://adwords.google.com/intl/de_de/home/how-it-works/. Zugegriffen: 19. Apr. 2017.

Henderson, Emma. 2015. Twitter reveals its most popular hashtags of 2015 (07.12.2015). http://www.independent.co.uk/news/twitters-biggest-moments-of-2015-a6763036.html. Zugegriffen: 26. Apr. 2017.

HPI. 2017. School of design thinking. https://hpi.de/school-of-design-thinking/hpi-d-school/hintergrund.html. Zugegriffen: 29. Jan. 2017.

IAB. 2013 Cookies on mobile 101 (11.03.2013). https://www.iab.com/insights/cookies-on-mobile-101/. Zugegriffen: 17. Mai 2017.

IAB. 2017. Real-Time bidding (RTB) project: OpenRTB 2.5. https://www.iab.com/guidelines/real-time-bidding-rtb-project/. Zugegriffen: 5. Febr. 2017.

IBM. 2016. Email marketing metrics benchmark study. http://www.silverpop.com/marketing-resources/white-papers/all/2016/email-metrics-benchmark-study-2016/. Zugegriffen: 17. März 2017.

iBusiness. 2015. Was App-Entwicklung 2015 in Deutschland kostet (03.07.2015). http://www.ibusiness.de/aktuell/db/917662sh.html. Zugegriffen: 23. Okt. 2016.

Jobs, Steve. 2010. Thoughts on flash. http://www.apple.com/hotnews/thoughts-on-flash/. Zugegriffen: 29. Jan. 2017.

Klotz, Maik. 2017. Apple Pay kommt nach Deutschland (27.02.2017). http://mobilbranche.de/2017/02/apple-pay-deutschland. Zugegriffen: 28. Apr. 2017.

L'Oréal. 2017. Apps. https://lounge.loreal-paris.de/apps/. Zugegriffen: 29. Jan. 2017.

Lowensohn, Josh. 2014. San Francisco airport testing beacon system for blind travelers (31.07.2014). http://www.theverge.com/2014/7/31/5956265/san-francisco-airport-testing-beacon-system-for-blind-travelers. Zugegriffen: 24. Apr. 2017.

MMA. 2011. Mobile advertising guidelines version 5.0. http://www.mmaglobal.com/files/mobileadvertising.pdf. Zugegriffen: 7. März 2017.

MMA. 2016. Mobile the great connector – Volume 2 (Februar 2016). http://www.mmaglobal.com/documents/mobile-great-connector-volume-2. Zugegriffen: 18. Apr. 2017.

Nordlight Research. 2015. Deutschland mobil im Netz (10.09.2015). http://www.presseportal.de/pm/68494/3118348. Zugegriffen: 20. Apr. 2017.

OVK. 2016. Werbeformen. http://www.werbeformen.de. Zugegriffen: 7. März 2017.

PwC. 2013. Consumer intelligence series: Openening the mobile wallet. https://www.pwc.com/mt/en/publications/assets/pwc_opening_the_mobile_wallet.pdf. Zugegriffen: 28. Apr. 2017.

Ramisch, Fritz. 2015. Infografik: Mobile Programmatic Advertising Landscape (04.09.2015). http://mobilbranche.de/2015/09/infografik-mobile-programmatic. Zugegriffen: 20. Apr. 2017.

Rentz, Ingo. 2016. "Mildred" hilft Reisenden jetzt bei der Suche nach dem besten Preis (10.09.2016). http://www.horizont.net/tech/nachrichten/Chatbot-Bei-der-Lufthansa-hilft-jetzt-Mildred-bei-der-Suche-nach-dem-besten-Preis-144014. Zugegriffen: 26. Apr. 2017.

Ries, Eric. 2017. The lean startup. http://theleanstartup.com. Zugegriffen: 29. Jan. 2017.

Schneider. 2016. Payback Pay – Ein Erfahrungsbericht (06.06.2016). http://www.handelsblatt.com/finanzen/steuern-recht/recht/bezahlen-mit-dem-handy-payback-pay-ein-erfahrungsbericht/13690926.html. Zugegriffen: 28. Apr. 2017.

Scholz, Heike. 2012. Cannes Lions 2012: Gold für Nokia Ad an Yoc/Carat (24.09.2017). https://www.mobile-zeitgeist.com/cannes-lions-2012-gold-fur-nokia-ad-an-Yoccarat/. Zugegriffen: 5. Juni 2017.

Searchmetrics. 2016. Ein Jahr Google Mobile Update: Was ist seit Mobilegeddon passiert? (04.05.2016). http://blog.searchmetrics.com/de/2016/05/04/happy-birthday-mobilegeddon/. Zugegriffen: 1. Sept. 2016.

Sevenval. 2015. Den Browser entlasten: Responsive Web Design mit Serverseitigen Komponenten (RESS) (02.03.2015). https://www.sevenval.com/blog/3984/den-browser-entlasten-responsive-web-design-mit-server-seitigen-komponenten-ress/. Zugegriffen: 19. Dez. 2016.

Skopos. 2014. Nutzung und Akzeptanz von QR-Codes. https://download.skopos.de/Eigenstudien/SKOPOS-QR-Codes-2014.pdf. Zugegriffen: 23. Aug. 2016.

Snapchat. 2017. Advertising on Snapchat. https://www.snapchat.com/l/de-de/ads. Zugegriffen: 26. Apr. 2017.

Socialranks. 2017. Top deutsche Facebook-Seiten. http://www.socialranks.de/top100-deutschland. Zugegriffen: 24. März 2017.

Statista. 2014. Zustimmungsrate für verschiedene Eigenschaften von Werbung in unterschiedlichen Medien. https://de.statista.com/statistik/daten/studie/274483/umfrage/werbewirksamkeit–eigenschaften-von-werbung-in-unterschiedlichen-medien/. Zugegriffen: 24. Apr. 2017.

Statista. 2015. Nutzungshäufigkeiten der Ortungsfunktion GPS durch Smartphone Besitzer. http://de.statista.com/statistik/daten/studie/455346/umfrage/nutzungshaeufigkeit-der-ortungsfunktion-gps-durch-smartphone-besitzer/. Zugegriffen: 27. Apr. 2017.

Stuart, Greg. 2016. Why does mobile really matter? (14.10.2016). https://www.slideshare.net/mmalatam/01-greg-smox. Zugegriffen: 20. Apr. 2017.

t3n. 2015. App-Store-Optimization: Was ihr über die Ranking-Algorithmen von App- und Play-Store wissen müsst (28.05.2015). http://t3n.de/news/app-store-optimization-aso-play-store-app-store-613096/. Zugegriffen: 17. Mai 2017.

t3n. 2016. Rise of the Zombies: Nur jede zehnte App taucht im App-Store auf (27.07.2016). http://t3n.de/news/zombie-app-adjust-studie-729564/. Zugegriffen: 21. Mai. 2017.

t3n. 2017. Bewertungen im App Store: Entwickler können bald auf Kommentare antworten (25.01.2017). http://t3n.de/news/bewertungen-app-store-antworten-788739/. Zugegriffen: 17. Mai. 2017.

Tagesschau. 2016. Startschuss für die Tagesschau App 2.0 (14.12.2016). http://www.tagesschau.de/app/index.html. Zugegriffen: 29. Jan. 2017.

Täubrich, Klaus. 2017. So plane ich eine Alexa-Anwendung für mein Unternehmen (13.03.2017). http://www.internetworld.de/e-commerce/amazon/so-plane-alexa-anwendung-unternehmen-1202918.html.

Telefónica Next. 2017. Smart media. https://next.telefonica.de/loesungen/smart-media. Zugegriffen: 21. Mai 2017.

ThinkwithGoogle. 2016. TrueView (August 2016). https://www.thinkwithgoogle.com/products/youtube-trueview.html. Zugegriffen: 23. Apr. 2017.

Tune. 2016. What makes smartphone owners download app (25.08.2016). https://www.emarketer.com/Article/What-Makes-Smartphone-Owners-Download-App/1014482?ecid=NL1002. Zugegriffen: 23. Sept. 2016.

Urban Airship. 2015. Mobile engagement benchmarks series. https://www.urbanairship.com/lp/mobile-engagement-benchmarks-opt-in. Zugegriffen: 23. Apr. 2017.

Walley, Hannah. 2013. Understanding the brand impact of mobile advertising (Februar 2013). http://dynamiclogic.com/mailers/newsletterUK/feb2013/Brand-Impact-Of-Mobile-Advertising.pdf. Zugegriffen: 20. Apr. 2017.

WARC. 2016. EMEA mobile budgets are on the up (09.08.2016). https://www.warc.com/NewsAndOpinion/News/37205. Zugegriffen: 20. Apr. 2017.

Wikipedia. 2017a. World Wide Web. https://de.wikipedia.org/wiki/World_Wide_Web. Zugegriffen: 17. Mai 2017.

Wikipedia. 2017b. Mobilegeddon. https://de.wikipedia.org/wiki/Mobilegeddon. Zugegriffen: 17. Mai 2017.

Wikipedia. 2017c. Microsite. https://de.wikipedia.org/wiki/Microsite. Zugegriffen: 17. Mai 2017.

Wikipedia. 2017d. Dynamic creative optimization. https://en.wikipedia.org/wiki/Dynamic_Creative_Optimization. Zugegriffen: 17. Mai 2017.

Wikipedia. 2017e. Geotargeting. https://de.wikipedia.org/wiki/Geotargeting. Zugegriffen: 25. Apr. 2017.

Wikipedia. 2017f. Global Positioning System. https://de.wikipedia.org/wiki/Global_Positioning_System. Zugegriffen: 6. Febr. 2017.

Stichwortverzeichnis

© Springer Fachmedien Wiesbaden GmbH 2017
D. Rieber, *Mobile Marketing,*
DOI 10.1007/978-3-658-14777-8

Ihr Bonus als Käufer dieses Buches

Als Käufer dieses Buches können Sie kostenlos das eBook zum Buch nutzen.
Sie können es dauerhaft in Ihrem persönlichen, digitalen Bücherregal
auf **springer.com** speichern oder auf Ihren PC/Tablet/eReader downloaden.

Gehen Sie bitte wie folgt vor:

1. Gehen Sie zu **springer.com/shop** und suchen Sie das vorliegende Buch
    (am schnellsten über die Eingabe der eISBN).
2. Legen Sie es in den Warenkorb und klicken Sie dann auf:
    zum Einkaufswagen/zur Kasse.
3. Geben Sie den untenstehenden Coupon ein. In der Bestellübersicht wird
    damit das eBook mit 0 Euro ausgewiesen, ist also kostenlos für Sie.
4. Gehen Sie weiter **zur Kasse** und schließen den Vorgang ab.
5. Sie können das eBook nun downloaden und auf einem Gerät Ihrer Wahl lesen.
    Das eBook bleibt dauerhaft in Ihrem digitalen Bücherregal gespeichert.

EBOOK INSIDE

eISBN	978-3-658-14777-8
Ihr persönlicher Coupon	6Nc4pE9nam88Z9D

Sollte der Coupon fehlen oder nicht funktionieren, senden Sie uns bitte
eine E-Mail mit dem Betreff: **eBook inside** an **customerservice@springer.com**.